U0299520

YOUR MONEY OR YOUR LIFE

要钱还是要生活

没有财务自由，也能提前退休

[美]维姬·罗宾 (Vicki Robin)

[美]乔·多明格斯 (Joe Dominguez) · 著

何金娥 · 译

中信出版集团|北京

图书在版编目（CIP）数据

要钱还是要生活：没有财务自由，也能提前退休 /
（美）维姬·罗宾，（美）乔·多明格斯著；何金娥译
. -- 北京：中信出版社，2021.9（2025.3 重印）
　书名原文：YOUR MONEY OR YOUR LIFE
　ISBN 978-7-5217-1663-4

　I. ①要… 　II. ①维… ②乔… ③何… 　III. ①家庭管
理 - 理财 - 通俗读物 　IV. TS976.15-49

中国版本图书馆 CIP 数据核字（2020）第 037902 号

要钱还是要生活——没有财务自由，也能提前退休

著者： 　　[美] 维姬·罗宾　[美] 乔·多明格斯
译者： 　　何金娥
出版发行：中信出版集团股份有限公司
　　　　　（北京市朝阳区东三环北路 27 号嘉铭中心　邮编　100020）
承印者： 　　嘉业印刷（天津）有限公司

开本：660mm×970mm　1/16　　　印张：23　　　　字数：264 千字
版次：2021 年 9 月第 1 版　　　　印次：2025 年 3 月第 8 次印刷
京权图字：01–2019–6139　　　　书号：ISBN 978–7–5217–1663–4
定价：58.00 元

献给乔·多明格斯（1938—1997），
他是这场伟大冒险中宝贵的导师和同伴，
也献给他爱的所有人。

为什么要读这本书？

问问自己这些问题：

- 你的钱够用吗？
- 你与家人和朋友在一起的时间够多吗？
- 你下班回家时精神饱满吗？
- 你有时间做你认为真正有意义的事情吗？
- 假如被解雇，你会视之为重新开始的机遇吗？
- 你对自己为这个世界所做的贡献满意吗？
- 你是不是没有金钱方面的烦恼？
- 你所从事的工作能体现你的价值吗？
- 你的积蓄够你维持 6 个月的正常生活开支吗？
- 你的人生充实完整吗？各个组成部分——工作、开销、人际关系、价值观念，它们彼此契合吗？

这些问题哪怕有一个的答案是否定的，那你就该读读这本书。

目 录

新版序言　这不是一本理财书

读任何有关金钱的书都只有一个理由：让自己有能力过上更好的生活。你追求的东西其实并非金钱——毕竟，你不会愿意付出孤独一生的代价成为亿万富翁，对吗？

关于钱的真相就是：你所遇到的多数难题都不是单靠钱能解决的。事实上，金钱只是快乐、健康人生的附属品。

你一定不想成为孤独一生的亿万富翁，而是想过上无忧无虑的、能创造价值的、自由的生活，并且再也不必为钱而发愁。

大多数以金钱为主要探讨内容的图书、杂志、网站、电视节目和播客，似乎都没能讲明白理财的核心所在。也正因为如此，美国和其他一些富裕国家尽管国民收入达到了创纪录的水平，但仍然有很多人入不敷出、债台高筑。我们追求挣更多的钱，并用钱购买更多的东西，却从未思考过我们到底买的是什么，以及为什么要买。

这就是本书在出版 25 年后仍然是一部经典力作的原因，它的主要观点至今仍然掷地有声，激发了新一代人思考其理念，并促使在岛上过着宁静退休生活的维姬·罗宾撰写了这部新版作品。罗宾的独特写作手法赋予了这本书不同寻常的持久生命力，新版采用了同样的写作手法，并将其应用于现如今这个已经发生翻天覆地变化的世界。

普通理财建议都很中立，核心观点是我们的个人价值观不同，我们应从心所愿。比如我喜欢花几百美元吃一顿大餐，而你喜欢开豪华汽车，那都没问题！你可以把钱花在你喜欢的东西上，只要你收支平衡并且努力工作赚钱就行。

但实际情况是，那些建议基本上是在胡说八道：我们都是人，相似性远大于差异性。通过几个世纪的哲学思考和近几十年较为正式的研究，我们已经发现几个被普遍认同的人类幸福要素，对每个人都适用。比如，友谊、健康、社群归属、用自己的智慧迎接挑战，以及能掌控生活的感觉等，这些都是幸福感的来源。

然而，我们中的大多数人都受到享乐生活、身份地位和奢侈品的诱惑，乐于掏钱给自己买东西来满足这些欲望。而且我们真的很擅长为自己找各种理由，来证明这些东西是我们真正感兴趣的。为了那么几个昂贵的"满足你冲动"的东西，你可能把一辈子赚的钱都花在上面了，甚至可能失去前文所提到的真正的幸福。

就连最著名的理财和商业大师也会推崇这个"花钱等于幸福"的谬论。如果听从他们的建议，你会陷入欲望的死循环。就好像站在行李传送带的一端，熟练地把目标物品扔上传送带，你以为已经把它从欲望清单中划掉了，但其实它转一圈后仍然会回到你这里。无止境的欲望是一个人性陷阱，如果你想更快地前进，它是首先需要治愈的病症之一。

这本书并不是一本理财书。它是一份个人发展指南，帮助你厘清自己真正想要的生活，同时训练你改掉可能已经形成的乱花钱的坏习惯。"训练"的确是个值得采纳的方式，让你慢慢取得进步。这一切似乎都是循序渐进的，直到有一天，你回首往事时，几乎认不出昔日的自己："我怎么会每天浪费那么多时间和精力，却根本没意识到呢？"这一切训练的结果不仅会改善你的财务状况，还令你焕然一新。这也是本书如此受读者欢迎的原因。

当然，这里还涉及一个更宏大的图景：整个世界，以及同在一片蓝天下的所有人类和所有生物。很多时候，我们被灌输的观念是：我们的支出决定纯属个人选择。如果我们的钱包里有足够的钱，如果垃圾桶或回收箱里有足够的空间来放由此产生的垃圾，那就尽管买吧！

但实际情况是，无论我们买什么东西，都会或多或少在其他地方造成看不见的破坏，最近几十年里，这种破坏在不断累积。我们的生活方式与周围环境产生的冲突，最后都会变成压力。幸好，从本书中你会了解，简化生活方式不仅能获得幸福感，同时也将大大减少因你而造成的环境破坏。

可以肯定，读完这本书后，你未来的经济状况也会大大改善。这本书中有涉及理财的部分，但该方法的独特力量在于治本——改变你的个人观念和习惯，而非仅仅治标，也就是你的每月银行流水和信用卡账单。

如果你以前没读过这本书，没经历过这段旅程，那就振作精神，不急不躁，认真读一读。你的整个人生将由此改变。

钱胡子先生

新版前言

欢迎各位！从千禧一代到 X 一代再到婴儿潮一代，本书是为你们而进行修订。自出版以来，这本书已成为经久不衰的经典之作，帮助千千万万个读者改变了与金钱的关系。本书所倡导的方法没变，但世界已然改变，我组建了一支优秀团队，对本书进行完善升级，使之契合今天以及未来许多年的形势，也契合你们当下的处境。

你当然会好奇它能对你有帮助吗？能帮到现在的你吗？

它能不能帮助你摆脱消费债务、重拾被耽搁的梦想、找到属于自己的位置、放弃不再适合你的工作、有足够的钱支付一些额外花费、增加收入、让手头积蓄维持更长时间乃至把你彻底从为了钱而工作的状态中解放出来？

它能做到。

更准确地说，你能做到——如果你坚持使用这些方法，我可以承诺：

- 你会减少花销，却享有更多人生乐趣。
- 你会攒下超乎自己想象的钱。
- 你会还清债务，并逐渐自然而然地拒绝通过透支方式购买不需要的东西，来取悦你不喜欢的人（套用罗伯特·奎伦的话）。*

---

* 罗伯特·奎伦的原话为：美国精神就是，用你还没挣到手的钱购买不需要的东西来取悦你不喜欢的人。——译者注

- 你会有更多时间去做最重要的事。
- 你会对自己有深入的了解。
- 你会泰然自若、开诚布公地谈论财务状况。
- 你会原谅自己过去的败家行为，并养成好的理财习惯。
- 你会为退休攒钱并如愿以偿地攒够了钱退休，也许比你现在所能想象的退休时间要早得多。
- 你会投入生命来实现自身价值，而不是投入所有时间去挣钱。

财务自由，就是不用再为钱而工作

本书的目标是改变你与金钱的关系、帮助你实现财务自由。解放你最宝贵的资源——时间，让你能追求更多快乐、更多自由和更多人生的意义。

"改变"你与金钱的关系是什么意思呢？它不是指你赚到的钱增加或减少，而是指弄明白多少钱才够让你过上自己喜爱的生活，无论是现在还是将来；它是指你将不再一心只想着如何挣钱和节省，而是可以进行有意识的选择。这种改变人人都能做到。

我们所说的"财务自由"是什么意思呢？从最基本的层面上讲，财务自由的意思就是不必再为了钱而工作。不止如此，本书将带你完成解放自我的过程，首先就是清除你大脑中关于"买东西会让我快乐"或"拥有更多一定会更好"的错误观念。你会看透什么样的想法驱动自己花钱，最终让这些想法消逝无踪。随着你落实计划中的步骤，债务逐渐减少。债务减少，那么你自然而然积累起更多储蓄。你不再因为意外的开销而惊慌失措。储蓄成为一种习惯。你的积蓄增加，再增加。最终，你可以选择是为热爱还是为钱而工作。这就是它对许多人产生作用的方式，也一定会对你产生作用。

当你阅读这本书并执行其中的步骤时，你会发现，你不必再忍气吞声地把醒着的大部分时间用于挣钱。单调的朝九晚五或许是社会常态，但你可以为自己的人生另辟蹊径，就好比下高速驶入匝道，遵循内心的召唤去追求更美好的未来。如果你不必再为了钱而工作，那你会去做什么？你也许眼下还不知道，但只要按照本书中建议的步骤去做，你就会清晰、明确、自信地认定：等着你去探寻的梦想终会显现。

正如一位财务自由人士所说："这其实不是一本关于理财的书，这是一本关于人生的书。"

本书是如何诞生的

我们来认识一下乔·多明格斯，他是这个"九步骤计划"的首创者。他是拉丁裔，在纽约市的西班牙哈莱姆区长大，不懂英语的母亲靠福利救济将他抚养成人。他身材矮小，绝顶聪明。他没有强壮的肌肉，但很有头脑，让自己摆脱了贫民窟。贫困磨砺了他的生存本能，在一定程度上，本书得以问世正是因为他善于评估威胁与机遇，并能战胜一切艰难险阻。

在乔看来，金钱体系就和社会福利以及司法制度一样：如何按自己的方式出奇制胜，身在其中却不受其所困？他没读完大学，却在华尔街的一家公司找到工作。他边工作边学习，一直寻找机会突破现状，最终在20世纪60年代初开发出一些最早的股市技术分析方法。

那时候的计算机还是笨重的大块头。他没有拿自己的钱投资，而是把专业知识卖给了一家卓越的投资银行。他要攒钱，目标只有一个，那就是在 30 岁之前退休。退出金钱游戏，享受生活。

20 世纪 70 年代，我和乔在生活和工作中结为伙伴。我们的人生目标非常一致：希望这个世界能一天比一天好。虽然我们之间有大大小小的差异，但这些差异反而激发了我们的灵感，不断碰撞出火花，进而催生了我们将近 20 年的讲学、写作和演说，我们希望在这个过程中也改变了世界。他性格内向，我外向；他富有条理，我爱即兴发挥；他是有全局眼光的思想家，我更像一匹赛马，心无旁骛地只顾盯着脚下，我能够飞奔有赖于他的广阔视野。

我们的工作结晶也就是这本书，上市后一炮而红，这出乎所有人的意料。到 1997 年初乔因癌症去世的时候，我们的事业已经达到巅峰状态。本书曾是《纽约时报》评选的畅销书，在《商业周刊》畅销书排行榜上坚守了 5 年。我们相信，如果有足够多的人使用书中介绍的方法，本书就会是一根"长得足以改变世界的杠杆"①。

乔走了以后，我在继续这项工作时着重研究趋势，与各界意见领袖们形成合力，通过一场又一场的演讲，和大家分享我们关于简单生活的提案。2004 年，我也被诊断出患有癌症且癌细胞日渐扩散，我这匹赛马精疲力竭，而我和乔"改变人看待钱、挣钱、花钱和攒钱的方式"的远大梦想还没有真正实现。我退休后，搬到西北太平洋岛上一个千人左右的小村庄，集中精力在地球的这一小片土地上努力

---

① 这里化用了古希腊科学家阿基米德的名言，他在论述杠杆原理时表示："假如给我一个支点，我就能撬动地球。"——译者注

作为。

不过，十几年后，我再次听到了召唤。我碰巧遇到一大群人聚在一起讨论关于钱的事。每个人轮流分享了他们的困惑和恐惧。一个80岁的老人衣食无忧，却担心自己的钱会不够养老。一个事业有成的中年人在同一个职位上待了太久，很担心自己随时会被淘汰。几位咨询师坦承无力帮助客户解决理财方面的问题，因为他们自己对此也理不清头绪。最后，一名年轻的大二学生透露，她已经欠了两万美元的债务。要在专业领域取得成就，必须有硕士和博士学位。她觉得自己是在赌博，不确定将来拿到学位以后能否挣够钱还清贷款。

我内心的激情重新被他们点燃。这个社会是怎么了，让每个人在如此不稳定、不可靠和无法掌控的环境下生活，年轻人竟然变成债务行业的利润主力？我问了问周围这些人是否熟悉本书，给出肯定回答的大多是头发花白的人，给出否定回答的则基本是35岁以下的人。我深知本书曾经解放了一代人，我想它或许也能帮助另一代人打破消费文化的魔咒，在这个风起云涌的时代自由发挥其无穷的天赋才能。正是在那个时候，我找了一些年轻人来帮我了解他们的境况和视角；也正是在那个时候，我发现"财务自由，提前退休"的理念已经广泛传播。在众多友人的鼓励下，我着手对这部经典作品进行修订，使其更加顺应新的时代。

新版就这样诞生了。读过最初版本的人尽可放心，这个计划的基本框架没变，你们钟爱的理念也全都原封未动。

时代日新月异

现在的读者身处的时代与我和乔·多明格斯当年倡导财务自由时已经完全不同。婴儿潮一代享有一个稳定的世界，那是由从大萧条和二战中幸存下来的父辈创造的。累进所得税和《退伍军人法案》等政府制度培育了日益壮大的中产阶级，社会凝聚力逐渐增强。

进入 21 世纪，公司格局已经改变。养老金处于垂死挣扎状态，退休的想法无论对老年人还是对年轻人来说都是白日梦。将近五分之一的 65 岁以上的美国人完全依赖社保，50% 以上的人的一半收入来自社保。[1]

年轻人步入社会后，他们的学士学位保证不了他们的收入足够偿还债务。在他们所处的世界里，无论从事什么工作，每个人都是 YO-YO 族：You're On Your Own（自生自灭）。

如今，社会流动性很强，无论你的起点在哪儿，你都可以自由地去往自己想去的地方，不仅仅是就地理位置而言，在事业、个人生活、人生目标等方面也一样。这种特征比历史上任何时候都要显著，让人惊慌，也让人兴奋。各行各业的人都穿行在这些变化的急流之中，有人游刃有余，也有人力不从心。

适应新世界

新时代的这批新人类处境如何？我很好奇，所以我一遇到 20 多岁和 30 岁出头的年轻人就找他们聊天。我了解到的情况让我很惊讶，也很受震动。这些年轻人的人生规划不是在职场步步高升，而是追求人生意义，采用更弹性、自由、创新的工作方式，不局限在某个职位，而是关注自己整体的职业生涯。

越来越多的人不再当传统上班族，而是选择独立创业。他们在这个过程中建立起人脉、团队、初创企业，拥有了不凡的能力，一旦掌握了随时能出来挣钱的技能，也就获得了安全感，可以自由地停下来去旅行，或是在家陪伴孩子。下面说几个富有创新力和适应力的年轻人的故事：

> 布兰登是兄弟姐妹 6 个当中最小的一个。家里勉强凑出钱让他大哥上了大学，但每个学期仍然缺几千美元。为了凑齐这笔钱，他大哥在一家全国性的杂货连锁店当销售员。到布兰登高中毕业时，他大哥仍在那家大卖场工作，薪酬也一直没变。上大学能拿文凭，却要因此而欠下债务，似乎不值得，所以布兰登直接去当了农场工人，后来又去开拖车。他想攒钱上技校，在汽车控制系统计算机化的时代学习汽车维修，目标是每小时挣 40 美元。
>
> 克里斯获得了工学学位，在一家大型航空航天公司工作，一年之内就还清了他在大学期间欠下的债务，同时攒了足够的钱，他选择了离职，用一年时间去做义工和旅行。到了年底，他重返职场，新的岗位令人满意且薪水丰厚。
>
> 梅洛迪在一家租车服务台的客服部门工作，正在攒钱，准备到一所两年制大学攻读护理学位。在那以后，她会再看看接受什么新的培训，以便在医疗领域继续深造或者转变方向，还要看看按照新的薪级表要花多长时间才能赚回考证的费用。

娜奥米在高中报读了"起跑"课程①，大学免修一年，第二年在一所社区大学就读，然后转到一所综合大学读完社会工作专业学位，其间没有欠下沉重的债务。有些学生能最大限度地发挥自身潜力，通过"起跑"项目在高中时期修完两年的大学学业。

比他们年龄更大的人已经置身于劳动力大军，但也在展露这种流动性和创造性。医生转做木匠，木匠转做建筑师，社会工作者转做农民，艺术爱好者辞掉办公室工作去做欧洲各大博物馆的导游，生物学家离开实验室带人前往世界上仅存的丛林观赏自然风光，老师变身按摩师，军人将其所受到的军事训练应用于退伍后的各种职业，很多都是高技术含量、高报酬的职业。

有些人早早地发掘了自己的激情所在，选定人生道路，成为终身的理财师、房地产经纪人、医生或教授。但劳工统计局的数据显示，越来越多的人历经曲折换了十几份工作，或向上移动，或平行移动，或向下移动，或回到起点，总之，一直都在变化。[2]

前面说过，50%的人口有一半收入来自社会保险，他们以为美好时光会永无止境，因此不储蓄也不规划，这些人的处境如何呢？他们已经开始延长工作年限，也许一直工作到去世。还有些人换小一点的房子住，或者搬到离子女更近的地方以减轻雇人做家务的支出负担。他们仿效千禧一代走进零工经济，当杂工、博主或者"爱彼迎"房东，将他们唯一的资产——房子变成收入来源。

---

① Running Start，美国英才教育项目，成绩达标的高中生可以修读大学课程并获得学分。——译者注

无论你是大四的学生、处于事业上升期的职场人士还是即将退休的人，不管你年轻年老、经验多寡，本书里的方法都可以帮助你过上想要的生活。

本书为谁而写？

只要是在挣钱或花钱的人，都能运用本计划，不是让人人都发财，而是让每个人都能搞清楚，自己拥有多少钱才算"足够"。它能帮你改变你与金钱的关系。

"拥有更多"是一个欲望的无底洞。无论你现在有多少钱，若一心想着"更多就会更好"，你就会以不断获取为头等大事。想给"足够"下定义，需要你扪心自问一些至关重要的相关问题：

· 什么让你感到幸福？

· 什么对你最重要？

· 什么价值观是你绝不妥协的？

· 如果你现在有 100 万美元，你会怎样打发时间？

· 如果舍弃一样东西，会让你更快乐，那会是什么？（不包括人）

· 你会终有一天挣够了钱就退休吗？

· 如果今天有人一笔勾销你所有的债务，你会再让自己亏空吗？原因何在？

诺贝尔奖得主、畅销书作家丹尼尔·卡尼曼在对金钱与幸福的研究中发现，超过一定的充足度（目前在美国约为每年7.5万美元）之后，更多的钱买不来更多的幸福。在20世纪80年代，我们推广财务自由计划时，曾对参与者进行分析，当我们问大家赚多少钱你才会满意时，不管他们的收入是什么水平，每个人给出的回答都是：比我现在拥有的钱再多50%。在给自己的幸福度从1到5评分时，收入最高的人和收入最低的人之间并没有显著差别。

这组数据表明，成功的真正秘诀是与金钱建立自觉、清晰、有主动权的关系，而不是一心要赚到某个"数字"。

现在有几十万人热衷于"财务自由，提前退休"运动①，他们跟我所认识的财务自由人士一样，似乎都具备以下两个显著品质：

1. 人生目标高于他们当下的有限环境（包括工作）。
2. 愿意做出改变，诚实面对一切并坚持不懈。

他们的骨子里信奉三种价值观——节俭、朴素和自足。据此也可以把他们分成三种类型：忍者、极简主义者和自给自足者。

忍者：忍者喜欢钻研数字、优化系统、研读理财博客、权衡各种投资、搜寻免费航班和酒店。可细分为节约达人和存钱超人，前者喜欢讨价还价、收集优惠券、找免费的机会，以最划算的方式做交易，后者会想尽一切办法让这个月的存款余额超过上个月。

极简主义者：这些人是梭罗的追随者，把体验看得重于物品。他

---

① FIRE（Financial Independence，Retire Early）——财务自由，提前退休。通过原始财富积累，靠投资理财的复利维持开销，达到提前退休的目的。——编者注

们把物品减少到最低限度，以便最大限度地提升物质以外的更贵重的东西，如心智、心灵等。

自给自足者：钱不是关键，在物质世界里漫游是全部乐趣所在。盖房子、种地、修修补补、做手工、烹饪、园艺、设计、创造、绘画或发明。与极简主义者不同的是，自给自足者的创意过程会制造出垃圾。他们是自觉的唯物主义者——最大限度地利用点点滴滴的生命。

不必认同其中任何一类，你只要发自内心地想要彻底改变与金钱的关系，以便克服惰性、不断向前，且不可安于现状。所有成功者的共同点是勇于承担责任、有自知之明和努力提高自身能力。他们会一步一步地达到目标。

龟与兔

人们走向财务自由的速度各不相同，可以说从龟速到兔速。

"乌龟"会缓慢、稳定、有条不紊地摆脱债务，适度支出，积累储蓄，有把握在某个适当的中年年龄能够退休。他们不在乎速度有多快，他们在乎的是人生重要的事情一定得完成。比如，组建家庭、服务社会、走出去看世界。

"兔子"往往像乔一样把实现财务自由的年龄目标定在 30 岁。最后期限具有激励作用，就好比终点线前的冲刺。在他们看来，存钱越多就能越早获得自由，他们会设定一个存款比例，按时从工资中提取储存，并逐步调高比例。

总之，无论你是哪种类型，关键是起步，并且要一直往前走。诚然，每个人的起跑线不同，无论你的梦想是冒险和旅行，是有所作为，是与家人亲友和睦相处，还是自我认知与超越……梦想的力量和为之献身的勇气将推动你前行。

通过我们收到的成千上万封粉丝来信，我们了解到本计划对人们生活的改变：

- 他们终于弄懂有关钱的基本知识。
- 他们还清债务、增加储蓄，能够在力所能及的范围内快乐地生活。
- 他们重拾昔日的梦想并设法实现。他们学会区分哪些是必需、哪些是奢求，学会给自己减负。
- 生活支出平均减少25%，而且大多数人感到更快乐了，虽然要放弃一点点收入，但是活得更自由，与伴侣和孩子的关系有所改善。
- 金钱不再是生活中的一个烦恼。
- 因为开销和耗费于工作的时间减少，空闲时间得以增加。
- 不再用购物来解决烦恼。
- 总的来说，他们弥合了金钱与生活之间的裂痕，让人生成为一个圆满的整体。

四个财务思维（FI）

只要读了这本书，你就会在生活中产生财务思维，包括：财商（FI1）、财务诚信（FI2）、财务自由（FI3）和财务依存（FI4）。

财商 （Financial Intelligence）

财商是指能够客观看待金钱。金钱真的能买到幸福吗？真的人人都"需要谋生"吗？如果我把大部分时间都给了工作，我真的能换来安全感吗？

要获得财商，首先要知道你已经挣了多少钱，你有没有做过记录，你的生活中有多少进账和支出。

但这还不够，你还需要知道金钱到底是什么，你的金钱是用什么换来的。

财商的一个看得见的成果是还清债务并在银行存有至少 6 个月的基本生活费。

财务诚信 （Financial Integrity）

要达到财务诚信，就要认清你的收入和支出对社会的影响。你要明白拥有多少金钱和物质能算"足够"，哪些又是纯属多余的杂物。它是指你财务生活的各个方面都与你的价值观相符。

财务自由 （Financial Independence）

财务自由所包含的远不只是拥有稳定可靠的收入，还包括摒弃错误的财务观念，不被债务束缚。摆脱了金钱对你的控制，那就是财务自由。

财务依存 （Financial Interdependence）

我们渴望的独立是告别朝九晚五的工作，但并不代表要脱离人群和社会。我们最幸福的时刻来自爱和奉献，我们希望把更多的时间投入让生活真正富有意义的事情当中。我们生活在相互依存的社会，彼此扶持，相互给予，携手创造。事实上，在实现财务自由后，大多数人一旦得到充足的休息并完成了一些由来已久的梦想后，会想花时间使世界变得更美好。

本版新增哪些内容

我对这本书的前一个版本做了很多调整，以反映当今的现实。

由于智能手机和博客空间以及无数在线购物和投资工具的出现，我对第六章（"享受节俭生活"）进行了深度修订。不过，改动最大的是第九章（"投资理财，以钱养钱"）。乔和其他人运用了 25 年的投资策略行之有效，但不再是创造稳定被动收入的唯一或最佳途径。得益于投资理念各异的众多优秀同人各抒己见，第九章现在介绍了"财务自由，提前退休"运动中的人们所使用的一系列策略，其基础仍然在于"自己拿主意"。

较早版本的读者还会注意到一个全新的方法："金钱观"讨论。这九步骤计划的核心精神，就是希望帮助大家摆脱拼命工作与拼命花钱的无限循环。改变你与金钱的关系只能靠你自己。然而，对我和乔以及你们当中的许多人来说，社会支持始终是你觉醒并做出改变的一大关键。在新的后记里，我介绍了简单易行的"金钱观"讨论的问题，事实证明这是与朋友和陌生人谈论重大话题（金钱就是最重大的话题之一）的好办法。我在每个章节里会罗列几个发人深省的话题，供你思考并和亲人朋友讨论，你会看到改变的发生。

开始改变吧！

希望这篇前言勾起了你学习九步骤计划的欲望，这样的改变欲望会让你迈出第一步。但愿你的好奇心已被激起，好奇心肯定会使你不断向前。接下来，请从头至尾阅读全书。然后再回到第一章，开始一步一步改变与金钱的关系并实现财务自由。

第一章

赚钱让你快乐吗？
花钱令你满足吗？

金钱：温柔的陷阱？

"要钱还是要命？"

假如有人拿枪指着你的胸口说出这些话，你会怎么做？我们大多数人会交出钱包。这种威胁之所以有效，是因为我们爱惜生命甚于爱惜金钱。果真如此吗？

蕾切尔每周工作 70 个小时，是一名成功的推销员。但那不是她的理想状态。她说："读了《富裕之贫困》（*The Poverty of Affluence*）（保罗·瓦赫特尔著）之类的书以后，我认识到不止我一个人产生过'缺少点什么'的感觉。我和别人聊天，发现他们也经常感到沮丧。有了豪华的大房子，却常想，这样就行了吗？我必须不停地工作直至再也干不动，然后再退休去颐养天年吗？到那时只把攒下的钱全花掉，虚掷时光直到生命结束吗？"

唐的爱好是音乐，但一直从事数据处理工作，他已经放弃了兴趣和工作能够一致的奢望。他找不到自己的价值所在，大学毕业，成家，有技能，有工作，有车子，有房子，但他并不觉得自己活得像个人，而是越来越觉得人生是一场困局。

伊莱恩打心眼儿里讨厌她的计算机程序员工作。她只付出最低限度的努力来保住饭碗，却做得很好，公司也不会辞退她。她积累了所有成功的标志——豪华跑车、乡下别墅等，但它们只能勉强与工作的无趣相抵。她去旅行，去参加各种各样的活动，但仍无法摆脱工作的沉闷。她最终断定自己的余生也就这样度过了，工作就这样掏空了她的生活。

克丽丝蒂和丈夫从事高新技术工作，他们是典型的丁克。年轻、富有、颜值高，还有什么不完美的呢？但克丽丝蒂眼睁睁地看到她的同事被压力击垮，差点猝死在办公桌前。在日本，这种现象有个专门的说法：过劳死。当克丽丝蒂一周后看到这个同事若无其事地回来上班时，她明白了有些事情很不对劲。随后她的老板因为血栓住院，她的好朋友被解雇。克丽丝蒂开始服用抗焦虑药物，因为压力太大，她到了凌晨3点还睡不着觉。她想："我不能再这样下去了，这不值得。"

妮可尔听从了父亲的安排。父亲是一名律师，鼓励她也接受职业培训，虽然费用高昂，但她能在今后的工作中轻而易举地赚回本钱。因此，妮可尔攻读了高级家庭护理学位，花了8年多的时间，欠下了逾10万美元债务，终于毕业了。但那年已不是她父亲从法学院毕业的1969年，那年是2011年，在支付员工工资、办公室租金、管理费用、保险费和继续教育的学费后，她的净收入连还贷款的利息都不够。尽管她的工作很热门，但财务状况还是每况愈下。她向一个朋友坦承："我感觉自己永远都还不清这笔钱了。"

布赖恩的老朋友凯文进城时顺道来拜访他。在高中的时候，凯文是那种没人注意的平庸之辈。现在，他是在线教育的名师，年薪达到6位数。布赖恩向凯文请教，因为他也想做这个业务，但他发现尽管在线教育生意的门槛很低，随便什么人都可以鼓捣出几个网上服务项目，然后就有学生交钱，可项目的成功并非十拿九稳。因此，布赖恩花了很多钱在顶尖机构学习，又花了很多钱购买顶尖工具，准备开业所花的时间实际上比他预期的要多得多。到目前为止，这只昂贵的鹅并没有下金蛋。

虽然有些人真的很喜欢他们的工作，但没有几个人能发自肺腑地声称自己的职场生活完美无缺。完美无缺的职场生活要有足够多的挑战，让人感到有趣；要有足够多的安适，让人身心惬意；要有足够好的人际关系，让人神清气爽；要有足够多的空间，让人有成就感；要有足够充足的时间，让人能够完成工作；要有足够多的闲暇，让人精神焕发；要有足够多的价值，让人觉得自己不可或缺；要有足够多的乐趣，让人乐在其中；还要有足够多的收入，让人可以付账单……凡此种种。即便是最好的职业也是要拿东西交换的。待到中年，我们发现自己走的是上一辈人的老路。我们踏进了"现实世界"，而现实世界是需要做出各种妥协的。尽管口口声声要过上美好生活，可是一天下来疲惫不堪，整个人只想瘫坐到沙发上。

工作让我们的生活一成不变，每天都有忙不完的事，争取不虚度此生的想法似乎渐渐消逝。本书将告诉你另一条路径，可以让你活得真实、有成效、有意义，并且拥有你想要或需要的一切物质。可以兼顾你的身心，让你职场上的自我与家庭中的自我及内心深处的自我融洽协调。可以让你的终日忙碌有所成就，通过"谋生"最终获得更充实的生活。可以让你采取别样的生活态度，在被问到"要钱还是要命"时，你可以高声回答："两个我都要！"

我们不是在谋生，而是在求死

对工薪阶层的许多人来说，无论他们是热爱工作还是为了谋生而工作，金钱和生活之间其实并无选择可言。为钱而忙是他们醒着时的主要任务，生活不过是填塞了他们微乎其微的剩余时间。

不妨以一个工业化城市里的普通工薪阶层为例。早上 6 点 45 分，闹钟响了，这个男人或女人起床。查看一下手机。冲个澡。穿上职业装——有的人是西装，有的人是休闲服，医务人员是白大褂，建筑工人是牛仔裤、T 恤衫。如果来得及就吃早餐。抓起保温杯和公文包（或者午餐便当盒）。开动私家车汇入早高峰的车流，或者挤上水泄不通的公共汽车或地铁。从早上 9 点到傍晚 5 点（甚至更晚），处理工作；应付老板；对付魔鬼派来跟你过不去的同事；应付供应商；应付当事人、客户、病人；电子邮件堆成山，装作忙得不可开交；刷刷社交媒体推送；掩饰失误；接到不可能如期完成的限期任务时微微一笑；当所谓"重组"或"精简"（直白地说就是裁员）的斧头落到别人头上时松一口气，扛起额外增加的工作量，瞄一眼时钟，昧着良心赞同老板的意见，再次微微一笑。5 点了，重新钻进私家车或者挤上公共汽车或地铁。到家，假装对伴侣、孩子或室友充满情感。做饭，发一张晚餐照片到朋友圈，吃饭，看一集喜欢的电视剧。回复最后一封电子邮件，上床，安睡 8 小时——如果运气好的话。

这叫谋生吗？好好想想吧！你见过几个人在工作日结束时比开始时更生龙活虎？我们"谋生"归来是带着更多活力回家吗？我们是精神抖擞地冲进家门准备与家人和朋友共度良宵吗？我们本该在工作中谋取的生活在哪儿？对我们当中的许多人来说，这难道不是更接近"求死"吗？我们难道不是在为了工作而扼杀自己，扼杀我们的健康、我们的人际关系、我们的愉悦与好奇心吗？我们在为了钱而牺牲自己的生命，但这个过程很慢很慢，我们几乎毫无察觉。时光流逝的标志唯有苍白的鬓角、渐粗的腰围，还有隐隐约约的进步迹象，如高级办公室、公务车或高层职位。最终，我们或许拥有了想要的全部必需用品、有品位的艺术品乃至奢侈品，但我们已陷入朝九晚五的模式不能自拔。毕竟，如果我们不工作，时间怎么打发呢？我们曾经想通过就业来寻找意义与成就，这个梦想在职场倾轧、殚精竭虑、无聊沉闷和激烈竞争的现实中逐渐消散。小时候的好奇心、大学时代的使命感、我们与挚友彼此爱惜的岁月都被遗忘——全都付诸"那时我们真年轻"的感叹。

有些人热爱自己的职业，觉得自己有所贡献，却又感觉自己可以有更大的发挥空间，这个空间超越朝九晚五的世界：从事自己热爱的工作却又不受限制或制约，而且不用担心被炒鱿鱼，时刻充满成就感。我们有多少次想过或说过"如果可以的话我会这么做，但领导希望按他们的意思办"？我们为了保住饭碗，要牺牲多少梦想？

工作代表身份地位吗？

即使我们在财力上能够拒绝接受有碍于我们追求快乐、与我们价值观不符的工作，我们在行动上也常常无法让自己放开手脚，只能从工作中获取认同和自我价值。

我们对自己价值的认同，多半来源于工作。不妨自我反省一下，若有人问："你是做什么工作的？"你回答时感觉如何？你感到自豪吗？觉得丢人吗？如果你没有达到对自己的期望，你会不会想说"我不过是个……而已"？你觉得高人一等，还是矮人一截？还是很丢人？你会说实话吗？你会给平凡的行业一个花哨的名头来抬高自己的身份地位吗？

我们是不是逐渐以薪水的高低来衡量我们作为人的价值？高中同学聚会彼此讲述自己的经历时，我们怎样悄悄评价同龄人的成功呢？我们会问同窗好友是否感到充实满足、践行了自己的价值观，还是问他们在哪里工作、担任什么职务、住多大的房子、开什么车、打算让孩子上哪所大学？很显然后面这些才是公认的成功标志。

除了种族主义和性别歧视，我们的社会还有一个基于挣钱方式的隐秘等级制度，这就是职业鄙视链，在社会中如此，在家庭中也如此。为什么我们视全职妈妈为二等公民？为什么教师培育学生与医生诊治患者有着同等价值，而我们却认为老师的地位不如医生？无论我们是否意识到这一点，我们的日常交往都难免无意识地品评比较别人的职业。

求死的高昂代价

心理治疗师道格拉斯·拉比尔在《现代疯狂》（*Modern Madness*）一书中记述了这种"社会病态"。他的办公室源源不断地接待身体疲惫、心灵空虚的"成功"专业人士，这让他意识到崇尚物质主义对身心的危害。拉比尔抽样调查了几百人，发现以个人的自我实现和人生意义为代价，执意追求金钱、地位、成功，导致其中60%的人患上抑郁、焦虑和其他与工作有关的疾病，包括无处不在的压力。[1]

虽然政府把每周工作时间定为40小时，但许多专业人士认定，他们必须加班加点并搭上周末才不会掉队。经济合作与发展组织（OECD）2015年发布的一项研究结果称，将近12%的美国人每周工作 50 小时以上。[2] 此外，世界大型企业研究会同年进行的研究发现，对自己的职业感到"满意"的美国人不到一半。[3] 我们用于工作的时间更长了，享受生活的时间却减少了。我们这样的赚钱方式，导致一种全国性的病态的焦虑不安。

我们能拿什么来证明成功？

即使我们并不比以前更快乐，你也会觉得我们至少拥有传统的成功标志：银行存款。其实未必，我们的储蓄率实际上已经下降。

美国经济分析局（US Bureau of Economic Analysis）的数据显示，个人储蓄率在过去 4 年里一直徘徊在 5% 左右，高于 2007 年不到 2% 的低位，但低于 1980 年以前的水平——那时美国人的储蓄率超过 10%。[4]

雪上加霜的是，绝大多数美国人的工资停滞不前。顶层人（以及他们所效力的公司）持续赚得盆满钵满，底层人的财富不断被抽走。经济政策研究所（Economic Policy Institute）在 2016 年的一份报告中揭示，自 2000 年以来，收入最低的 70% 劳动者的工资只涨了区区 5.3%，最穷的 10% 美国人的收入则只增加了 2.2%。高薪人群在这段时期的情况怎么样呢？自 2000 年以来，工薪阶层中收入水平位于最顶端的前 10% 和前 5% 的人的薪酬分别增长了 15.7% 和 19.8%。

由于相对而言工资下降、储蓄减少，我们的债务水平上升，而且是大幅上升。债台高筑和储蓄不足使我们不得不朝九晚五地工作。背负着住房贷款、汽车贷款、助学贷款和信用卡债务，我们不敢松懈。

在全球化和公司合并日益盛行的时代，从制造业到高新技术的各行各业纷纷裁员，这已成为新的现实。

平日拼命工作，只为周末尽情享乐

现在我们来看看普通消费者怎么花他辛辛苦苦挣来的钱。周六，把衣服送到洗衣店，把车子送到修理行换换轮胎、检修一番。去杂货店为全家人采购一周的食物，结账时抱怨说，记得过去买4袋子食品杂货只需要75美元而不是125美元。（当然你可以剪打折券和优惠券来节省开销，可是哪有时间剪啊？）去购物中心买大家都在读的那本书，结果买了两本书、一套西装（半价促销）外加相配的鞋子，还给孩子们添了些新衣服——全部用信用卡支付。回家，打理院子。哎哟……得去苗圃买把修枝用的大剪刀。带回来两盆报春花、几个新花盆……哦，是的，还有大剪刀。摆弄烤箱，温度已经设在最低档了，烤出来的面包还是焦黑，保修单找不到，去五金店买个新的吧。走出店门时拿着书房用的书架、粉刷厨房用的乳胶漆……哦，是的，还有烤箱。夫妻一起出去吃饭，孩子留给保姆。周日早上，给全家人做煎饼。哎呀……没有面粉。去超市买面粉，回家时拿着配煎饼的草莓和蓝莓、枫糖、苏门答腊咖啡……哦，是的，还有面粉。带全家人到湖里游泳。给车加油，看到油价皱了皱眉。开车来到乡间一家精致的饭馆，刷卡吃饭。回家。晚上看电视，任由广告诱惑你遐想无限美好的生活，前提是要买辆保时捷、到国外度个假、有台新电脑或者……

归根结底，我们认为自己工作是为了支付账单，但我们花的比挣的多、买的比实际需要的多，然后就需要我们再去工作挣钱！

你幸福吗？

如果日复一日的工作让我们感到幸福快乐，那么，烦躁与不便就可以忽略。如果我们能相信自己从事的工作确实在使世界变得更美好，那么，我们会毫无怨言地牺牲睡眠和社交生活。如果我们用辛苦工作换取不错的收入，不仅让我们感到短暂的快乐，同时还有满足感与成就感，那么，我们多花些时间在工作上也心甘情愿。然而日益明显的事实是，除了最低限度的舒适之外，金钱并没有带来我们所追求的幸福。

在我们早期的现场演讲中，参与者无论收入高低都表示需要"更多"才能感到幸福。我们在演讲中安排了这样一个练习：请按照从1（苦恼）到5（快乐）的幸福等级给自己打分，其中3代表"还可以"。然后我们把他们的评分与他们的收入相关联。在从美国和加拿大随机选取接受调查的1000多人当中，无论月收入在1500美元以下还是在6000美元以上，平均幸福分数都在2.6到2.8之间，连3分都达不到！（参见表1-1）

这些结果令我们震惊，说明大多数人习惯性地不快乐，而且他们不管挣多少钱都会不快乐。即使是经济状况良好的人也未必有成就感。在同样的调查表中，我们问参与者："你要有多少钱才会觉得幸福快乐？"能猜到结果吗？大约一半以上的答案都是"比我现在拥有的要多"。

情况就是这样，我们身处世界上最富足的社会，日复一日勤勤恳恳，在家庭和工作之间来回奔波，内心向往着远方隐约可见，但也许完全遥不可及的东西。

表 1-1　幸福指数

请选出最符合你当前生活状况的描述				
1	2	3	4	5
不舒服	不满意	心满意足	快乐	喜悦
疲惫	求索中	干得不错	成长中	满腔热情
不完满	有欠缺	一般	满意	有成就感
有受挫感	人际关系有待改进	可以接受	有成效	精力充沛
担惊受怕	忙于应付	情绪时好时坏	从容悠闲	充满兴趣
常感到寂寞	渐入佳境	稳定	不紧张	有能力
愤怒	成效不大	正常	效率高	不断改变
需要爱	需要人给予肯定	没什么风险	有闲暇	
心神不定		适应环境	充满乐趣	
			心里踏实	
			有安全感	

请选出最符合你当前生活状况的描述					
月收入（美元）	0~1500	1501~3000	3001~4500	4501~6000	6000 以上
该收入范围内参与调查者的幸福指数	2.81	2.77	2.84	2.86	2.63

更多就会更好吗?

　　许多人忍受求死状态是因为相信了普遍流行的"更多就会更好"的消费谬论。我们把自己的职场生活建立在这个关于"更多"的谬论之上。年复一年，我们的期望就是挣更多的钱。随着职位的晋升，我们将承担更大的责任，获得更多的特殊待遇。我们希望拥有更多的财产、更高的威望、更多的社会尊重。我们变得习惯于对自己、对世界怀有越来越高的期望，然而我们并未心满意足，我们的体验是：拥有的越多，想要的就越多，对现状的满意度就越低。

　　就美国人（以及越来越多的其他国家消费者）而言，这句"更多就会更好"的箴言鞭策我们每三年换一辆车，为每次重大活动和每个季节置办新衣，一有钱就买一套更大更好的房子，仅仅因为有新款发布就更换智能手机。美国民意研究中心（National Opinion Research Center）的调查显示，自20世纪50年代末以来，自称"非常快乐"的美国人所占比例一直在稳步下降。

事实证明，"更多就会更好"的观念必然导致不满情绪。如果你努力为拥有一切而活，你拥有的就永远不够多。在"更多就会更好"的观念影响下，"足够"就像地平线——无论你怎么追，它总在后退远去。你失去见好就收的能力，就辨别不出"足够"状态。这是一个心理上的死胡同，是"更多"消费者谬论里的第22条军规。假如更多就会更好，那我所拥有的就永远不够。即使真的得到了我曾经认定会让生活变得更好的那份"更多"，我仍然秉持着"更多就会更好"的信念，所以我现在拥有的这份"更多"仍然是不够的。希望永无止息，如果我能得到更多就好了，那样的话……如此往复，没有尽头。我们越来越深地陷入债务，往往也越来越深地陷入绝望。本应让生活变得更好的那份"更多"永远都不会足够多。

信念模式

从现代的大脑研究到古代的东方哲学，众多资料来源似乎都认同这样一个基本理念：心智会制造并重复模式。不像某些动物对每个刺激有固定的行为反应，人类往往会创造自己的反应模式。它们有些来自个人经验，主要是生命头五年的经验，有些是遗传基因，有些是文化特性，有些似乎是普通的共性。它们的存在想必都是为了增加我们存活的机会。一旦某种模式被记录下来，一旦它经过验证被认为有利于存活，它就变得很难改变。我们闻到炒洋葱的香味就流口水，看到红灯就踩刹车，听见有人喊"着火了"就迅速分泌肾上腺素。很显然，如果我们没有这些与行为相关联的解译资料，我们就不可能存活下来。

但问题在于：这些模式并不全都与客观现实有关，然而它们挥之不去，支配着我们的行为。事实上，它们非常顽强，以至于我们常常会忽略或否认事实来坚守自己的解译模式。从梯子底下走过或打碎镜子真的会带来厄运吗？我们大多数人会对这种原始的迷信嗤之以鼻。但其他那些不那么明显可疑的信念呢？比如，我们是怎么感冒的。是因为头发没干就出门吗？还是因为接触了病菌？前者我们会认为是无稽之谈，但后者呢？毕竟，办公室里有些人没感冒。是病菌刻意避开了他们吗？病菌论会不会就是一种现代迷信呢？我们有哪些信念会在子孙后代看来荒诞不经？

我们的所作所为说明了什么？

我们的有些财务信念会不会跟"地球是平的"理论一样毫无现实依据？有那种可能吗？财务行为揭示了我们的哪些迷信？我们愿不愿意成熟起来，就像不再坚信童年时父母告诉我们的床底下有怪物一样，不再相信这一切？

例如，虽然我们嘴上说着金钱买不到幸福，生活中最好的东西都是免费的，但我们的行为暴露出来的却是另一番景象。

当我们沮丧失意、孤独寂寞、觉得无人关爱的时候，我们会怎么做？常常会买点东西来让自己心情好转，一套衣服、一杯（或两杯）饮料、一辆新车、一个冰激凌蛋卷、一次夏威夷旅行、一只宠物、一张电影票、一袋（或两袋）奥利奥。

当我们想庆祝喜事临门的时候，我们也会买点东西，一桌酒席、一场婚礼、一束玫瑰花、一枚钻戒。

当我们感到无聊的时候，我们会买点东西，一本杂志、一次度假、一个软件、一轮赌马。

当我们觉得生活中必须增添些内容时，我们还是会买点东西，一个手工课程、一本心理自助书、一幢乡下的房子、一套城里的公寓。

这些没什么不对，我们一向是这么做的。我们学会了在头脑、内心或灵魂发出失衡信号时谋求外在解决办法。我们试图用物质层面的消费来满足属于心理上和精神上的基本需要。怎么变成这样的？

下面这张图可以说明。

满足感曲线

满足感曲线（参见图1-1）显示了满足感体验与我们买东西所花金钱数额之间的关系。在生命之初，拥有更多东西确实意味着更大的满足感：基本需求得到满足，吃得饱，穿得暖，有安身之所。我们大多数人不记得当年用母乳和毯子就能消除的饥寒恐惧，但我们的确都经历过。不舒服的时候，哭闹的时候，我们得到来自外界的呵护安抚。简直像变魔术一样，我们的需要得到满足，我们存活下来了。我

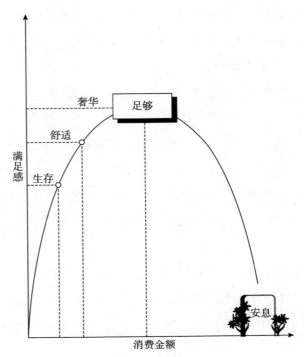

图 1–1　满足感曲线

们的头脑记录并记住了每一个诸如此类的事件：有需要吗？那台神秘的魔法机器能满足你的需要，快让它知道你需要什么（哭，哭得再大声点。乱抓，挥手。如果会说话就张嘴索要，怎么管用怎么来），然后它就会给你，你就会再高兴起来。需要，向外求索。得到东西，得到满足。

后来，我们从最低限度的必需品（食物、衣服、住所）迈向一些美好享受（玩具、衣橱、自行车），新物品与满足感之间的正向关系变得越发根深蒂固。还记得小时候得到渴望已久的玩具时的兴奋吗？负责任的家长很快就会教导我们："宝贝，那些东西是要花钱的。

钱是我们在外面为你挣来的——因为我们爱你。"哎呀，有了新的规则。需要，向外求索。弄到钱，得到东西，得到满足。拿到一笔零用钱时，我们就了解了钱的价值。我们可以自己选择并购买快乐！就这样，年复一年。

最终，我们不知不觉越过美好享受走向纯粹的奢华，却几乎从未意识到这一变化。例如，小汽车是世界上一部分人永远无福享用的奢侈品，还有第一次出远门旅行或者离家去上大学，那也是奢侈。还有我们的第一间公寓。请注意，虽然其中每一项都仍然令人激动，但每一份激动的成本越来越高，而且"高潮"消退得越来越快。

但此时我们已认定金钱等于满足感，所以我们几乎注意不到曲线已经开始趋于平缓。接着我们踏入社会，有了住房，有了工作，有了家庭责任。随着我们在公司里的职位上升，钱挣得更多，烦恼也更多了，需要投入的时间和精力也更多了，陪家人的时间逐渐减少。在遭到抢劫时会蒙受的损失加大，所以更加担心被抢劫。要交的税增加，税务会计师的费用上涨。社区慈善机构要求的捐助额提高。装修要花钱。互联网、电视和电话要花钱。哄孩子们开心更要花钱。

直到有一天，我们空虚地坐在大房子里，尽管它位于1万平方米的林地上，配有一个三车位车库，地下室放着高档健身设备，我们却渴望回到当年的穷大学生生活，那时在公园里散散步就能满心欢喜。满足感已触顶，我们却始终没有意识到："金钱 = 满足感"的公式不仅不再有效，而且开始起反作用。买得再多，满足感也还是不断下降。

足够：曲线的顶点

这张图上有一个位置非常引人注目，那就是它的顶点。人生的部分奥秘似乎在于找出自己的最大限度满足感所在的点。满足感曲线的这个顶点有个名称，它为改变你与金钱的关系提供了基础。它是我们每天都挂在嘴边的词，但我们在与它迎面相对时却几乎认不出来。这个词就是"足够"。当我们达到满足感曲线的顶点，说明我们拥有的足够了。有足够的必需品供生存，有足够的美好享受带来舒适和愉悦，甚至有足够的小小"奢华"。我们拥有自己需要的一切；没有任何额外的东西让我们心烦意乱、分散精力或苦恼不堪，没有任何东西是我们刷卡购买后一直闲置不用却还在辛辛苦苦为它还账单的。"足够"是一种无所畏惧的状态，一种胸有成竹的状态，一种坦坦荡荡、有自知之明的状态。它是指充分欣赏和享受金钱给生活带来的一切，但绝不购买不需要、不想要的东西。一旦找到自己觉得足够的满足点，曲线就可以反转方向，笔直上升。稍后我会详细解释。

开始清理人生

那么，越过足够点，也就是越过顶点，满足感曲线开始下行后的东西是些什么呢？废物。就是这样！凡是对你来说多余的东西都是废物。它归属于你，但对你没用，却在你的世界里占据空间。因此，断舍离不是让你随意地丢弃物品，而是为迎接新事物清理空间、腾出空间。尽管这些理念是不言而喻的，但许多人对接受这些理念怀有或明或暗的抗拒。只要一提起缩减规模、开源节流，总让人以为是因为生活艰苦、穷困潦倒。其实,"足够"意味着宽阔而稳定的高原,是一个富有灵活性、创造性和自由性的地方。站在这个地方去看那些无用的废物,那些有待储存、清理、转移并需要付清尾款的废物,你一定能感受到,有些东西的匮乏反而是好事。

无意识的消费习惯

废物是怎么产生的?满足感曲线强有力地表明,大多数废物是通过"更多就会更好"的信念之门进入我们的生活的。它来源于物质主义之弊,来自从外在所有物中寻求内在满足感之弊。它来源于幼时的经历,我们认定了不适感能由外在事物缓解,这些外在事物包括婴儿奶瓶、毯子、自行车、学位、宝马车,或者是别的什么花样。

它也来源于无意识的习惯。以逢见必买之物为例。"逢见必买之物"是指你只要遇见就非买不可的东西。人人都有逢见必买之物,从耳塞、小螺丝刀到鞋子、钢笔和好时巧克力,无所不包。你闲来无事就会去购物中心,或浏览购物网站。你不知不觉来到逢见必买之物所在的柜台前,立刻产生冲动:哦,有个粉色的……我没有粉色的……哦,那个是无线的……那会很方便……天哪,防水的……如果不用随时可以送人……哇,这款里面有榛子……还有椰肉的……还有杏仁酒的……这些都还没尝过……没等你意识到,一只仿佛不属于你(却附在你身体上)的胳膊已经伸出去拿起(或点击)了逢见必买之物,然后你去结账,依然表现得像一具装了发条的僵尸。你带着买好的东西回家(或者在家门口收货),把它放进逢见必买之物的专用抽屉（里面已经有另外 5 个或 10 个同类物品），然后你就忘了逢见必买之物，直到下一次购物时，你又来到逢见必买之物所在的柜台……

废物的面貌与功能

各式各样堆满了逢见必买之物的空间，包括阁楼、地下室、车库、壁橱和储藏室，都是废物的避风港，充斥着我们永远不会去完成的工程和有可能永远不会使用的产品。无视它们会让你羞愧，整理它们会让你内疚。衣服穿了几次以后就打包送到旧货店会让人产生隐约的不安和自责，觉得给垃圾填埋场增加了负担。

一旦明白了什么是废物，你就会发现它无处不在。无意义的活动难道不是废物吗？商务午餐、鸡尾酒会、社交应酬、晚上长时间看手机等，它们对你的生活没有任何积极作用，难道不是废物吗？那些毫无成就感的忙忙碌碌的杂乱无序的日子呢？待办事项清单上始终未完成的任务呢？就像某些人家里散落一地的陈年旧杂志和儿童玩具，你根本找不到空间下脚。

无计划地奔波往往是把时间变成了废物，比如一天两次跑到商店去买你每周例行采购时忘了买的东西。如果与用得上的东西相比，你拥有的东西的比例在攀升，那就说明你的业余爱好里充斥着废物。比如，摄影爱好者拎着装满各种镜头和滤镜的手提箱，却用智能手机拍出最好的照片。凡是在你身边、对你无用却占用空间的，那都是废物。

随着对废物的意识加深，你会摩拳擦掌地想给自己的整个生活来场大扫除。从清教徒到梭罗、贵格会①、杜安·埃尔金和塞西尔·安德鲁斯等作家，不断有人倡导用简单生活的方式来避免无度行为。现在它被称为极简主义或"收纳整理"。"足够"并不特指一个特别的事物，它取决于你的判断。它不是"少即是多"，不是一尘不染的梳妆台上的花瓶里那枝沐浴着窗外阳光怒放的雏菊。它不是一条破牛仔裤或者一条小黑裙，不是抽屉里孤零零的一把精美厨师刀。它是一种恰到好处的感觉，当你几近于拥有足够的一切想要和需要之物，并且丝毫没有多余时，你就会感到一切刚刚好。每个人的"足够"都不一样——甲之蜜糖，乙之砒霜。

按照本书中概述的九个步骤去做，就会形成你个人对废物的界定，并慢慢地、愉快地摆脱它。第一步是问自己："它现在对我来说有什么价值？真的吗？"就像有些学生把乱七八糟的东西装在袋子里随身拎来拎去，过了一个星期就会明白哪些东西该扔掉。通过审视自己积累的一切、挣到的一切、花掉的一切以及浪费了多少生命能量，你会开始认真审视自己与物品之间的关系。

第一步：坦然接受过去

做好准备检视你与金钱以及金钱能买来的东西之间的关系了吗？这个练习的目的是帮助你检视过去赚钱和花钱的行为。

---

① 贵格会（Quaker）是基督教新教的一个派别，反对任何形式的战争和暴力，不尊敬任何人也不要求别人尊敬自己，主张任何人之间像兄弟一样，凡物公用，不浪费、不懒惰、不虚谈，整洁有序。——译者注

先提个醒。虽然这是 FI 计划的第一步，但你不必以它开头，不必坚持完成了它再往下读。你最终需要把它完成，但也可以从第二步开始，以后再回到这个步骤。我们建议你先把全书读一遍而不是读一步做一步。

这个步骤包括两部分：

1. 算出你一生到目前为止已经挣了多少钱——从你挣到第一分钱到你最近一次领到的薪水的总和。
2. 制作个人资产负债表，算出净值。

你一生已经挣了多少钱？

一开始，这看起来是根本不可能完成的任务。你也许会抗议说："我没留记录！"不过，找找旧资料就会有收获。首先，翻出以前的所得税申报表。加上没有报税的项目，包括私自收的回扣、赌博赢来的钱、未申报的亲友馈赠、中的现金奖、家里多余房间或闲置房屋出租所得以及所有其他未申报收入。仔细回想一下高中和大学时代有没有打工的收入，以及刚参加工作时有没有影响财务状况的收入。

如果实在搜集不到具体依据，那就尽量准确地估计。宗旨就是，尽可能准确诚实地弄清到目前为止你总共有多少收入。

第一步的重要性

这个步骤有以下几个方面的益处：

1. 拨开过去笼罩在你与金钱之间的迷雾。大多数人不知道自己这辈子已经挣了多少钱，所以也搞不清自己这辈子能挣到多少钱。

2. 根除错误认知"我挣不到大钱"，或者"我不必担心，钱总是会有的"（说这话的往往是由他人供养的人）。很多人严重低估自己挣到的钱，假如你是其中之一，那么这个步骤会有惊人的力量。你的价值超出你的想象，不仅在钱财上，或许还在其他方面。

3. 让你回到原点，从而能够以清晰的头脑，怀着对自己赚钱能力的信心着手执行本财务计划。

4. 让你得以看清过去种种不可告人的隐情并释怀——那些秘密或谎言也许正在扭曲你当下与金钱的关系。

有一位30多岁的离异女子参加了我们的讲习会，她的故事说明了这个步骤的力量。她成年以后的大部分时间是在郊区当家庭主妇，饱受心理困扰：她觉得自己依附于人、不谙世故，而且（说老实话）毫无价值。她认为这个步骤不适用于她，毕竟，她在婚姻中没有做出过任何财务贡献，而且到那天为止一直羞于接受她按照离婚协议应该拿到的钱，她觉得那不是自己的劳动所得。但在对过去进行细查之后，她了解到，在自以为"毫无"贡献的婚后那些年里，她从各种各样的零工中挣到了逾50 000美元。她第一次认识到自己是有能力挣工资的人。刚完成这个步骤，她就有了信心申请并得到了一份工作，薪水是她先前预期的两倍。

同样地，如果你目前在从事第一份全职工作，不妨了解一下自己在人生之初从各种零活中挣了多少钱，那或许会给予你信心。实习、暑期打工、自由职业，全部算上。

有益的态度：不羞愧，不责怪

这个步骤也许会让人产生羞愧的感觉。这里介绍一种平稳克服消极心理的方法，这个宝贵的练习有助于人们彻底"改变想法"，并学会以新的方式思考问题。有些人用其梵语名称——mantra（咒语）来称呼它，但它实际上可以是任何一个简单的词或短语，只要它能体现你想集中精力关注的特定态度或品性。咒语就像船舵，让你得以使自己的心思避开危险，驶向开阔通畅的远方。执行本财务计划的一道有益咒语是"不羞愧，不责怪"。

在对改变有害行为进行抉择时，反责与分辨是有区别的。反责关乎羞愧与责怪、善与恶，分辨则是厘清事实与谎言。沉浸在责怪和羞愧情绪中会拖慢你迈向财务自由的进度。反责会让你停滞不前、灰心丧气、心绪不宁。分辨则会照亮潜在的陷阱，这样你就可以绕开它们。

根据你在执行这个计划时学到的东西，你可能会不断陷入责怪自己（或他人）的情绪中，在那种时候请记住一个事实，你的一生所得不过是个数字而已，并不代表你的价值。它既不太多也不太少；既不能证明你身价不菲，也不能证明你一事无成；你不必痛悔一分钱都没剩下而陷入绝望，也不必因为看到朋友挣得没你多而沾沾自喜。

保证准确性。这个步骤是本计划的基础，会影响下面八个步骤的效果，因此本计划的每一步都要求准确性，如果从一开始就能尽力做到完美，就等于为自己树立了一个可参照的好标准。在实施这个步骤（以及书中其他步骤）时，请努力做到一丝不苟：你真的查找了文件资料、搜索了记忆库来计算自己的全部收入吗？我们建议你尽量做到诚信，因为本计划的功效会随着你投入的每一份诚实和诚信而增加。将金额四舍五入到个位数需要付出大量精力和翻查薪水存根。四舍五入到百位数的严谨性就要差一些，但就一生时间的范畴而言或许已足够准确。别为这个步骤焦虑，尽力而为就好——它值得你花点时间。

以下是你可能参考的数据表：

1. 来自社保机构的收入明细表

2. 所得税申报表

3. 支票簿记录

4. 过去的和现在的结算单

5. 亲友的馈赠

6. 赢来的钱

7. 贷款

8. 资本收益

9. 非法收入

10. 未向国内收入署（IRS）申报的零工（小费、当保姆、兼职）

你手中有多少筹码?

在你挣工资的这些年里，一定金额的钱（你刚刚计算过了）进入了你的生活。现在你生活中还剩下的钱就是你拥有的净值。

做好准备。你将计算你的净值（总资产减去总负债），这可能是你有生以来的第一次。请振作精神，你也许会发现自己债台高筑，而到此刻你才意识到其可怕程度，现在该面对真相了。另一方面，你也许会欣喜地发现，你此刻就已经可以实现财务自由。许多人发现了这一点，仅仅是因为执行了这个步骤。

这个步骤的措辞中暗含一个挑战："你手中有多少筹码?"不过，你实现财务自由的决心会战胜你的懦弱。所以请继续思考：你这一生赚来的钱，现在留下了多少？我们来计算一下吧。

简要清算净值就是要检索你的物质世界，列出你拥有的每一分钱（资产）和你欠下的一切（负债）。

流动资产

现金或者任何易于变现的东西都属于这一类。包括以下项目：

· 手头现金：包括存钱罐里、梳妆台上的零钱，藏在车上储物箱里的应急资金
· 活期储蓄账户：找找你可能已经忘了的旧存折，还有你为了获得免费赠送的数码用品而存入的 100 美元会员费
· 支票账户

- 定期存款存单
- 储蓄债券
- 股票，按当前市值录入
- 债券，按当前市值录入
- 共同基金，按当前市值录入
- 货币基金，按当前市值录入
- 为买股票开的银行账户里的存款
- 人寿保险现金价值

固定资产

在录入这些资产时，不妨从显而易见的东西开始：大件财产（例如房子、汽车）的市值。联系房地产经纪人或上网搜索查询你名下房产的当前市值。上网查询你名下汽车按其牌子、型号和年份可估算的当前价格。

搜索所有房间。逐项列出所有价值一美元以上的东西，杜绝诸如"那不值钱"之类的主观评判。对于有恋物癖、喜欢修修补补和在家里摆满各种宝贝的收藏爱好者来说，仅仅这个过程就会是一场救赎。你要明白，如果你现在不做这件事，你死后你所爱的人就得做。如果你的储物区真的从地板到天花板堆满这辈子攒下的东西，你也许到咽气之时都不想收拾，实在太累。

搜索每一个房间，进行全面清点。抬头看看那些装饰性的顶灯，低头看看那块地毯。几年前添置的那个漂亮的胡桃木架子和那些印第安人手工艺品呢？那台新换的电脑呢？请正视你的杂物。要彻底，但也别过度。也就是说，不必将每一把刀叉勺都逐一列出，但一定要单独列出那套带红木刀鞘的紫檀柄刀具，还有两套没开封的餐具。

给你所拥有的每样东西确定一个大约的现金价值。这里是指现金时价，也就是说，在寄售商店和旧货市场或者通过在线拍卖或分类广告网站能卖多少钱。要获得财产定价方面的帮助，不妨查一查在线拍卖或分类列表，也可以浏览当地报纸上的"待售"栏目。比较贵重的个人或家庭物品要进行估价。

不要忽略任何东西。一个人眼里的无用垃圾在另一个人眼里会是珍贵古董。一件物品不受你待见并不意味着它没有价值。

不要遗漏别人欠你的钱，至少不能遗漏你完全可以期望收回的钱，包括水电费、电话费或房租的押金。

凡是可变现的用品都应当列出。你在充当自己产业的估价师，尽情享受吧！对于任何东西，你不想卖就可以不卖，不要让任何情绪成为拦路虎。不要因悲伤而不愿给前夫留下的电动工具定价，还有室友搬走时留下的纯平电视。不要因为对自己嗜买成性感到难为情而不愿给柜子里那20双没穿过的鞋子定价。不要因为愧疚而不愿登记你买来从未用过的运动健身器材。相反，你该感到高兴！你终于发现了那辆自行车和那套哑铃组的真正价值：不是让你减掉体重，而是能在旧货市场上卖个好价钱。

有些人能一两天之内就完成这项任务，但有一位女性花了3个月时间才清点完。她翻遍了每一个箱子，查看了每一张照片，打开了每一个抽屉和橱柜，不仅罗列了物品清单，还回顾了每一件物品是如何以及为什么进入她的生活的。这个过程使她对自己已然拥有的一切生出了深深的感激。很多不满情绪起因于我们只看到自己还缺少什么，而我们只需认清自己拥有什么并为其估价。这个简单的练习会彻底改变我们的观点。实际上，有些人在完成了这个练习后表示，一旦超越了温饱层次，贫与富的差别不过在于我们的感恩程度而已。

负债

这个类别包括你的所有债务，不管是要用金钱、货品偿还的，还是要用服务偿还的。从贷款到未偿付票据的一切欠款，任何积欠的项目都计算在内。

如果你把房子的当前市值列为资产，那就要把尚未付清的房款列为负债。汽车分期付款也要做同样的处理。

别忘了计入银行贷款或向朋友借的钱、信用卡债务、学生贷款以及未付清的医药费账单。

净值

将流动资产和固定资产的数字相加，然后减去负债的数字。从最简单化、最具体、最清晰的意义上讲，这就是你的当前净值。它是你目前唯一能用来证明一生总收入的东西，其余的都是记忆和幻想。

我们没有统计你的非物质资产：受过的教育、获得的技能、请大家喝酒换来的好感。这些或许都很有价值，但它们都是无形的，无法在个人财务上以具体、清楚的数字来呈现。

净值练习也许会让人或汗颜或得意。你将面对许多严酷的事实，无论你有什么发现，重要的是记住：净值不等于自我价值。

为什么要制作资产负债表？

一开始也许你没有察觉，但本计划中的这一点是非常鼓舞人心的。到目前为止，你的财务生活没什么方向，而且糊里糊涂。在财务问题上，你就好比在开着车瞎转悠——汽油在烧着，轮子在转着，但你漫无目的。你或许拥有许多快乐的回忆和其他无形资产，但只有区区几件实物纪念品可变现。对财务的掌控将给予你力量和明确的方向，从此你在这个世界上会活得更有意义。

现在你大致了解了自己的财务状况，可以客观地选择要不要把部分固定资产变现，那样就可以增加储蓄或者减轻一点债务。

有人在完成这个步骤后意识到，她可以变卖多余的财产，用收益进行投资，利息收入就足够她舒适体面地马上实现财务自由。虽然她没有立即那样做，但这个意识本身让她得以更加大胆地追求真爱，那就是艺术。

另一个人意识到，他有许多东西既不用又不想要了，但一直没扔，因为他"说不定哪天会需要"。他的创造性解决办法是卖掉这些东西，留着收益，在将来需要它们的时候重新买。与此同时，他的钱产生利息，他的生活变得更加单纯，而真正需要那些物品的人让它们派上了用场。

切记：不羞愧，不责怪。在创建资产负债表的过程中，许多与物质世界相关的情感可能会出现：伤心、悲痛、怀旧、希望、内疚、羞愧、尴尬、愤怒。这个步骤能够减轻你多年来在身体上和情感上一直扛着的负担。

第一步提要

1. 算出你一生已经赚了多少钱。
2. 制作资产负债表。你这一生赚到的钱为现在留下了多少筹码？

"金钱观"讨论

一旦发现你与金钱的"关系"由信念、假设、经验、教训，也许还有你父母或文化的影响组成，你会惊讶、兴奋，甚至有点不安。从一个人的金钱观中，可以了解到他是如何受往事影响的，以及是哪些潜意识的规则和故事指引他到达今天的境地。"不羞愧，不责怪"精神会让你窥探金钱的规则，看看钱到底是怎么回事。

建议平常与伴侣或朋友闲谈时不妨提出以下问题。记住，无论哪个问题，在末尾加上一句"为什么"会让它更有深度。无论哪个问题，补充一句"我给出的答案对社会有何影响"会让它更有广度，而答案无所谓对错。

- 谁给你上了第一堂关于金钱的课？你学到了什么？
- 你在成长过程中获得了哪些关于金钱的信息？从哪儿获得的，家长、老师、广告，还是……？
- 说说你对金钱的早期记忆以及它现在对你的影响。
- 说说在金钱方面犯过的一个错误。如果再来一次，你会怎么做？
- "足够"对你来说意味着什么？
- 你（在储藏室或柜子里）有哪些应该丢弃的东西？为什么留着它？

第二章

为钱卖命，谋生还是求死？

对恩德里娅和凯尔夫妇来说,执行第一步并不太难。凯尔是一个22岁的理想主义者,多年来对金钱"深恶痛绝"。他留着一头长发,在乡下一幢大房子里租了个小房间,认为金钱所能买到的最好娱乐就是促膝长谈。尽管(或者说是"因为"?)一直"躲着"钱,他仍然积欠了15 000美元的债务,心里想着"总有一天"会还清。遇见恩德里娅时,他被她体贴周到、热诚开朗的性格所吸引,并未关注她的生活方式。坠入爱河后,他才发现恩德里娅负债逾40 000美元。

跟许多年轻人一样,恩德里娅认为独立生活等同于积累财产、装潢公寓和背负债务。欠债对她来说是一种生活状态,反正许多人都这样,她并不急于还清。她奉行"能花就花,以后再还"的理念,兼职做行政助理来挣钱应付眼前开支,同时追求个人发展。

恩德里娅和凯尔同居后,她不理解凯尔的处处节俭,凯尔则不理解她对购物的热情。然后他们来到我们的理财讲习会,恩德里娅认识到:她既想在精神上变得更有自觉性,又想对与日俱增的债务视而不见,这两个愿望格格不入。她下定决心检讨和质疑自己对精致好物的依恋。凯尔则决定不再强迫她,让她自己去发现怎么做合适,不会施加压力迫使她接受他的价值观。他们决定结婚,凯尔的一句"我愿意"不仅是愿意接纳恩德里娅为妻,也是愿意接纳债务增加三倍。执行第一步迫使他们面对一个事实：他们的净值为 –55 000 美元。两个人都从此开始了全新的生活方式。

　　当你独自完成了你的第一步骤，你就会清楚知道自己的净值，是这样吗？

　　跟恩德里娅和凯尔一样，你算出了一个数字（但愿是正数），但这个数字代表什么意义呢？我们现在的任务是要解开金钱之谜。金钱是什么？这是一个重要课题，因为如果不知道对方是什么（或者是谁），更糟糕的是如果有误解，那我们就不可能与之建立有效的工作关系。若不给金钱一个准确的、恒定的真正定义，我们对待它就会要么不恰当要么不理智，几乎总是事与愿违。

　　什么是金钱？

　　我们每天都要处理大量的财务事项，流进来的钱有工资和投资回报，流出去的钱有现金和信用卡付款、定期自动扣除的账单、债务利息和赋税。你的话费套餐、上网套餐、车贷、保险、汽车和房屋的能源消耗、租金，社区管理费或物业税；你请人修车、保洁或进行心理疏导；你买音乐会和联谊会门票以及度假机票；从街头小摊到高档饭店，满足口腹之欲；采购衣物杂货和宠物食品……一笔笔小钱进进出出，就像屏幕上的光点一样转瞬即逝。我们在生活中很容易认出金钱，但它到底是什么？它代表着什么？

　　乔·多明格斯（本书中这些方法的发明者）在他 20 世纪 80 年代举办讲习会时曾向数以千计的人抛出这个问题。他会以一身上等华尔街精英的装扮上台，在台前踱来踱去，默默地、犀利地看着听众。然后，他会盯着最高大、最彪悍的那个人（乔的身高只有 1.71 米）大声问道："你的有多大？"

鸦雀无声，哄堂大笑。

"我是说，"他声音洪亮，"你的有多大？"

哄堂大笑，鸦雀无声。

"你们都想到哪儿去了？我不过是在问他的薪水金额有多大。这其实是你能问出的最私密的问题，不是吗？"

不管是谁，在学到新的东西之前需要先打破惯性思维。这个开场白无疑让人们措手不及，于是乔问："钱是什么？"我们从没问过这个问题，因为我们认为自己知道答案，但我们真的知道吗？

"你每天都要用到这东西。你为它拼死拼活，甘愿为它去杀人。你当然知道它是什么！"

然后他掏出一张百元美钞。

"喏，这是一张纸。"

他会拉扯它，揉捏它，说道："是很结实的纸。"

接着他掏出打火机说："我们来试试，看它能不能燃烧。"

全屋的人都倒吸一口气，欠身观望。就在即将点燃那张纸的时候，他会啪的一声关掉打火机。

"那是种什么反应？为什么烧掉这张纸会让你们做出反应？显然，金钱不只是纸片，也不只是金属（或者现如今的磁卡、二进制里的 1 和 0）。那这个东西是什么呢？"

对经济学略知一二的人可能会勇敢地说："金钱是一种交换媒介。"

"很好。我把这 100 美元给你，就可以买下你老婆，对吗？"

不对！有时候，他在这个节骨眼上会讲个关于萧伯纳的故事：萧伯纳在宴会上俯过身子对同桌的一个人说："夫人，我打赌，我付100美元，你就会愿意跟我上床。"她当然感到羞愤难当。紧接着萧伯纳解释："1000块怎么样？"她停顿了一下。萧伯纳趁机解释，很明显，行为不重要，价钱才重要。

乔的意思是，金钱作为交换媒介的前提是交易双方一致认为它有价值。

"设想你的船翻了，你游到亚马孙河上的一个小岛，那里有食人鱼出没。你以为自己完蛋了，却突然注意到身上带了钱包，里面装满了钱。得救了！后来，你看到两个人（是食人族）划着独木舟经过，你举着一大把钱喊：'救命啊！救命！'但他们根本不认识你的钱。他们认得你是美味大餐。"

金钱可作为交换媒介的前提是双方就它的价值达成一致意见。它是法定货币。但在食人族的眼里，它的价值连印钱的纸都不如。

"你们能说出这个东西有什么是恒定不变的吗？"他会挥舞着那张百元钞票大声问。

那个对经济学略知一二的人会再次勇敢地回答："它是一种价值储存手段。"也就是说，你可以把它存起来改天再用。你可以把一片森林（自然价值）变成木材（经济价值），卖掉它，把钱存进银行以备未来之需。

这确实是金钱的一个重要功能，正是由于这个抽象概念，我们从分享每日收获的狩猎采集部落转变为工业大轮上的齿轮，在工作场所出卖时间和才能来"挣钱"，也许还要搭上一小时通勤。

"是的，它当然是一种'价值储存手段'，但不妨想想，如果泡沫破裂、政府失能、恶性通货膨胀显现、昨天能买一头奶牛的钱在今天连一升牛奶都买不到，那会发生什么？金钱的价值可能会在一夜之间消失得无影无踪。"假如乔活的时间够长，那他也许指的是 2001 年安然公司破产时的员工养老金、2008 年的大衰退或者 2009 年被戳穿的庞氏骗局。

他也许会使用喜剧演员斯蒂芬·科拜尔的 truthiness（"貌似真实"）一词——"价值储存"貌似真实，但并不真实。台下的人全部陷入沉思，不是思考钞票本身，而是思考钞票的意义。

"金钱就是地位。"另一位参与者发言。乔会说，是的，但并不总是。其他特性，如外貌、才智或家族声誉，恐怕比暴发户们冬天聚在酒吧里互相卖弄的耀眼财富更令人尊敬。

还有人会试探着说，它是影响力。你可以用钱让人为你效劳。你可以收买人心，可以施加影响。看看那些说客，看看政坛里的黑钱，看看军火交易。乔会说，是的是的，但是你不能不承认还有其他形式的影响力可以无往不胜。想想甘地，想想英国人是怎么离开印度的吧。想想马丁·路德·金吧。想想所有那些刚正不阿的小人物打败邪恶巨人的神话故事和电影吧。虽然金钱常被用来施加影响力，但它并不是影响力的保障。

听众会叫起来："好了，现在我们明白了，金钱是邪恶的，它是万恶之源。"熟读《圣经》的乔会反驳说："不，对金钱的热爱是万恶之源，金钱本身并不是。"

它是压制工具。

它是不公平的。

它是个谜。

它并不重要。

它取之不尽。

它是我们记账的方式。

猜测一个接一个，每一个都带来一丝启迪，听众会意识到有些东西是他们不曾看清的。没有哪个定义坚不可摧。有时候所有说法都是对的，但没有哪个说法永远是对的。后来大家集体决定把所有已知定义一个一个抛出来，让乔点评并在最后一语中的地总结。乔看起来毫不留情，像拍苍蝇一样否决了种种猜测，但人们能感受到其中饱含的爱，因为他们知道，乔站在那里，挥舞双臂，允许我们说出内心的恐惧和半真半假的陈述，他并不是为了名利。我们成立了一个慈善基金会，即新路线图基金会，所有收益都捐出去，包括每一次讲习会的每一分钱。我们并不富有，每个人一个月的生活费都不到 800 美元！但这已经足够了，我们喜欢利用这些讲习会为其他组织筹集资金。

最后，他会说出秘密。

"这是你能断言百分之百永远属实的唯一一件事：金钱是你用生命能量去换取的东西。你出卖时间换取金钱。内德出卖时间的价钱是一小时 100 美元而你是一小时 20 美元，这无所谓。内德的钱跟你无关。你拥有的唯一真正财富就是你的时间，你一生里的分分秒秒。

"你降生到人间。你一年有大约 8800 小时，一辈子也许是 65 万小时。这其中一半时间很可能会用于睡眠以及吃饭、穿衣和适当享乐。你的人生已经过半，也就是说只剩下 15 万小时可用。这是你的宝藏。你只有这么多时间用于你在乎的所有事情——爱护家人，为社会做贡献，享受户外运动，奋起迎接挑战，追寻人生意义，建功立业，还有生活。你用其中一些宝贵时光去换取金钱（钞票），而金钱是没有意义的；你的时间是所有意义和价值所在。

"弄明白金钱就是生命能量，会让你成为金钱的掌控者。你会清楚地知道自己愿意出卖多少生命能量来换取金钱？环顾你积攒起来的东西，你可以自问：'我投入了生命里的多少时间才拥有这个……椅子……汽车……成套炊具……墙上的文凭？'看看这对你下一次买东西有什么影响。"

本计划并不承诺带来金钱或财物的增加，它只承诺改变你与金钱的关系。

"你想过吗？"乔会问，"想没想过你和金钱之间是有一种关系的？"他会跪下来乞求金钱爱他。他会假装恐惧，在邪恶的百元钞票面前缩成一团。他会把它像根胡萝卜一样举起来，追着它跑来跑去，伸手去抓却怎么也够不着它。

"这就是你与金钱的关系！好好想想吧。假如你是钱，你会鞍前马后跟着自己吗？"

关于金钱是什么、不是什么

乔的滑稽动作让听众迅速体验了人们对金钱是什么、不是什么的四个层面的误解。

物质层面。纸片、金属片和磁卡。每日的收入支出事项、银行账目和投资。这是世俗层次大多数人通常对金钱的认识。

心理层面。你的担忧与渴望。你的个性是谦逊还是张扬，是挥金如土还是吝啬惜财？你关于金钱的感受和想法受谁影响？

文化层面。根植于法律和习俗中的信念。更多就会更好，增长是好事，赢家与输家，私有财产，奖与惩。你是不是把这些都当作金线纺织进你的金钱生活？

生命能量层面。你用生命中的时间换取的东西。

前三个层面真实、重要，但并不总是如此。事实上，在物质层面满足对金钱的需求可使人心静如水。了解金钱观如何影响你日常生活中的金钱抉择会带来更大程度的自由。认清你在不知不觉地践行我们文化中的一些信念，会让你进一步摆脱无意识的习惯。更多真的会更好吗？增长真的是好事吗？最后一个层面是重点：懂得金钱与你生命能量的转换关系，让你的所有错误观念显露无遗。

本计划将消除我们与金钱关系中的迷雾、困惑、谣言和错误观念，让我们坦然接受自己的抉择。改变与金钱关系的关键就在于清晰地认识到：金钱并没有我们赋予它的种种意义，也不等于金融体系中的严峻现实，它是我们选择用生命能量去换取的东西。

认识到"金钱是用生命能量换来的"只需要一瞬间，践行这个真理却是持续一生的发现之旅。它不是魔杖，无法让你过去所犯的金钱错误的后果瞬间消失。生你养你的家庭依然如故：父母或为钱争吵、掩盖难题，或把钱当作胡萝卜或大棒用。你的成长环境依然如故：金钱或来之不易，或如天上掉下的馅饼，或许让你遭受沉重打击，或许是千载难逢的良机，不同境遇的结果也会大不一样。你依然债务缠身，依然与伴侣有意见分歧。

即使你与金钱的关系变了，它仍然会对你提出具体的要求。它就像一颗棱角锋利的多切面钻石，你肩负的责任义务是真真切切的。支票被退回，产品损坏，工资要交涉，医生账单该付了。抵押贷款要还清，否则就有麻烦了。即使懂得了金钱与生命能量的关系，你仍要以最高诚信对待责任和义务。

金钱像流水一样，它能流动，而且在流动的过程中滋养生命。当它从我们这里流过时，我们欢欣；流走时则会苦恼。我们购买礼物表达爱意，给别人的日子送去明媚阳光。我们用奖金带家人去夏威夷旅行，留下美好回忆。认识到金钱就像生命中流动的能量，并不会让我们在金钱流来时无动于衷。审视它在我们生活中的作用实际上可使我们的体验更加丰富。我们不再认为买一辆新车能让自己快乐，而会思索真正能让我们感到快乐的是什么，我们会认识到快乐之源是在海滩度过一天，而不是连续三年每月偿还车贷。金钱就像一面镜子，让我们得以看清自己。注意一下，当你在邮件中收到支票时会发生什么，收到账单时又会怎样。当伴侣说"亲爱的，我们得讨论一下财务状况"时会怎样。注意一下你小费给得大方时有什么感觉，给得小气时又如何。当有人注意到你戴了一块名贵手表时又怎样。

我们越是认清金钱如水的这个侧面，就越有把握应对那些艰难的日常财务状况。透支和滞纳金减少，开支更有节制，缴税和付账更及时。我们的感受越清晰，财务事项就越井井有条。

金钱是一种游戏，我们必须遵守规则。不管喜不喜欢，我们都在玩金钱游戏。按照游戏规则，我们可以在当地，也可以在全球售卖服务和产品，我们所购买的产品可能会在非洲和委内瑞拉开采原料、在中国组装零部件、在洛杉矶贴牌、在菲律宾包装、在世界各地的沃尔玛出售。我们的信用卡购物情况每天由一大批高速运转的电脑进行查核，而我们只管把食品杂货带回家、购买音乐会门票。我们在这场金钱游戏中生活、移动、存在，我们以这些交易为语言来了解彼此。人人都需要钱，人人都争先恐后地谋取它。几乎没有人能一整天不接触与金钱有关的东西，但我们的大脑抗拒正视这个事实——我们是多么地依赖金钱、多么地深陷其中不能自拔。金钱给生命带来能量，日常生活若没有它就会停滞。

不过，一旦认识到金钱是一场共同游戏，我们就能够有意识地选择什么时候用金钱玩游戏、什么时候用其他货币——比如爱情、技能、知识或需要双手的劳动。可以看出，金钱游戏也在玩弄我们，购物中心、百货公司、网站的设计宗旨都是要抓取我们的注意力和我们手里的钱，它利用了我们的不安全感和渴望。抵制消费主义变得容易了：那件泳衣或那辆车值得我付出生命能量吗？

我们关于金钱的许多臆断其实是游戏设计的一部分。"谁临死时拥有的消遣品最多，谁就赢了"，这种理念就是设计的一部分，让我们所有人都参与系统中进行游戏。技术升级是游戏设计的一部分。淘汰是有计划的或蓄意制造的。时尚是游戏的一部分，广告上美女帅哥们的穿着打扮，吸引你购买同款。从更宏大的范围来看，州际公路和大教堂也是金钱游戏的一部分。我们当中的大多数人都会选择用金钱趋利避害。我们自己也是游戏的组成部分，这个游戏要靠玩家的参与来维系。假如玩家失去兴趣，游戏就崩溃了——这让我们惊恐。我们几乎什么都得靠钱，买东西需要钱，维系经济也需要钱。只要大家都玩，人人都是赢家。

这个游戏里有坏蛋，他们是督促我们规规矩矩玩游戏的个人财务妖怪：通货膨胀、生活成本、经济衰退、经济萧条。我们被鼓励将经济指标与个人利害挂钩。如果经济学家宣布经济陷入衰退，我们也许就会决定今年不去度假以求稳妥——即便我们有充裕的钱和稳定的工作。如果经济学家告诉我们生活成本上涨了，我们就会不由自主觉得自己变穷了，尽管现在居民消费价格指数（CPI）里包含的东西在短短几十年前还是奢侈品，而那时我们不拥有它也没觉得失落，比如，手机和其他技术新发明。

有些人会把金钱的这个设计侧面称为"矩阵"——由感知机器创造的模拟现实，用来征服人类并获取人类的能量。在电影《黑客帝国》① 中，被解放的人类领袖墨菲斯告诉主人公尼奥："矩阵无处不在。它就在我们身边。甚至此刻，就在这间屋子里。你从窗户往外望的时候或者打开电视的时候能看见它。你去上班的时候……去教堂的时候……缴税的时候能感觉到它。它是蒙蔽你的双眼使你看不见真相的世界。"墨菲斯让尼奥自行选择，那句话如今在流行文化中非常有名："吞下蓝色药丸则一切结束，你在床上一觉醒来，想相信什么就相信什么。吞下红色药丸则留在奇境……"

一旦懂得生命能量与金钱的转换关系，就好比吞下红色药丸。你看到自己的选择，做出选择，看到后果，从中有所领悟。"赢"并不是指拥有最多身外之物。它是指拥有你所需要的，毫无多余，并且能够随心所欲地停止玩这场游戏。

一旦懂得生命能量与金钱的转换关系，你就得以最大限度地利用和优化你最宝贵的资源：你的时间，你的生命。

你的生命能量

"金钱与生命能量的紧密关系"对你而言意味着什么？毕竟，钱是你认为很有价值的东西，你义无反顾地把一生四分之一的时间用于

---

① 英文名为 The Matrix，意为"矩阵"。——译者注

获得它、花费它、为它操心、对它幻想或以其他方式对它做出反应。是的，有许多关于金钱的社会习俗值得学习并遵守，但归根结底，金钱对于你的价值是由你定夺的。你用时间为金钱"付款"。你如何花费它，就是如何消耗你的生命能量。

金钱的这个定义给予我们很重要的信息。在我们的实际体验中，生命能量比金钱要真切。金钱没有内在真实性，生命能量却有——至少对我们来说有其内在真实性。它是有形的、有穷尽的，生命能量是我们所拥有的全部。它非常珍贵，因为它数量有限且不可失而复得，因为我们如何使用它，体现了我们今生今世所拥有的时间的意义和目的。

如果你现在 40 岁，那你的余生估计还剩下大约 356 500 小时（合 40.7 年）的生命能量（各个年龄的预期寿命参见表 2 - 1）。假设你的一半时间用于必要的身体保养（睡觉、吃饭、排泄、洗漱、锻炼），那你就还有 178 000 小时的生命能量可以派上其他用场，比如：

· 处理与自我的关系
· 处理与他人的关系
· 从事创意表达
· 为社区做贡献
· 为世界做贡献
· 实现内心的宁静
· 保住一份工作

既然你懂得了金钱是你用生命能量进行交换的东西，那么你就有机会为使用这项宝贵商品重新设定优先次序，还能有什么"东西"对你来说比生命能量更重要呢？

表2-1　年龄与平均剩余预期寿命[1]

年龄	平均剩余预期寿命	
	年	小时
20	59.6	522 096
25	54.8	480 048
30	50.1	438 876
35	45.4	397 704
40	40.7	356 532
45	36.1	316 236
50	31.6	276 816
55	27.3	239 148
60	23.3	204 108
65	19.3	169 068
70	15.6	136 656
75	12.2	106 872
80	9.1	79 716

资料来源：美国国家卫生统计中心

财务自由初探

我们在前言中就说过，本书的目的之一是加快你实现财务自由的速度。按照书中的步骤，你将不可阻挡地走向财务诚信，获得财商，终有一天（但愿是在你去世前）达到财务自由。然而，要向你证明这是可以做到的，我们必须先向你说明哪些情形并非财务自由。

我们不妨先来探讨一下"财务自由"这个词让你的脑海里浮现什么样的景象。赚大钱？继承一大笔财产？中大奖？邮轮、热带岛屿、环球旅行？珠宝、保时捷、名牌服装？在大多数人的设想中，财务自由是遥不可及的幻梦，它意味着拥有取之不尽、用之不竭的财富。

这是物质层面的财务自由。虽然它只要求我们富有，但得注意一点：什么叫"富有"？富有只存在于同其他人或物的对比中。富有是比我现在拥有的要多得多。富有是比其他大多数人拥有的要多得多。但我们知道，关于"更多"的谬论漏洞百出。"更多"就像海市蜃楼，我们永远够不着它，因为它不真实。约翰·斯图尔特·密尔曾经说过："人所渴望的不是富有，而是比别人更富有。"换言之，一旦富有变成了跟我们一样的人都能达到的状态，那它就不复为富有。

只有当我们对自己与金钱的关系负起个人责任时，真正的财务自由的第一个定义才会显现。我们对"财务自由"的定义可以如快刀斩乱麻般解开何为富有之谜。财务自由与富有无关。它是指你体验到自己所拥有的已经足够且有富余。你应当记得，"足够"位于满足感曲线的顶点。它是可以量化的，你会在执行本计划中的步骤时给它确定一个适合你自己的定义。旧观念认为财务自由就是永远保持富有，那是无法实现的。"足够"则可以实现。你的"足够"也许不同于邻居的"足够"，但它将是一个对你来说真真切切并能够企及的数字。

财务和心理自由

要体验到自己所拥有的已经足够且有富余，第一步是从脑海里清除先前对金钱的态度。若做不到这一点，再多的钱也不会让你感到自由。一旦做到这一点，你就会摆脱潜意识中对金钱的臆断，就会摆脱在金钱问题上可能产生过的内疚、怨恨、嫉妒、沮丧和绝望。你可以有这些感受，但应该像面对一件衣服那样——你可以试穿，也随时可以脱下。你不再受制于童年时代父母和社会传达给你的理念——关于我们为了实现功成名就、受人尊敬、品德高尚、有安全感和幸福快乐的目标，我们要如何去做，我们应该如何对待金钱。你会摆脱有关金钱的困惑。你再也不会被你请来帮忙打理纳税事务或进行理财的专业人士吓倒。你决不买不想要或不需要的东西，丝毫不为商场、超市和媒体的诱惑所动。你的情感财富不再与经济财富挂钩，心情不再随着道琼斯指数波动。你脑海里那张喋喋不休的破唱片安静下来了，它曾时刻计算着离下班还有几小时、离发工资还有几天、摩托车首付款要攒几个月、下一次房子装修要花多少钱以及离退休还有几年。一开始，这种寂静异乎寻常。你可能几天甚至几个星期都不会想到钱，不会在心里算计着要掏多少钱应对生活中的挑战和机遇。

一旦你在财务上获得自由，金钱在你生活中的作用就由你决定，不是由你所处的环境决定。这样一来，金钱就不是偶然降临到你身上的东西，而是你有意纳入生活中的。从这个角度来看，虽然人们习惯于"朝九晚五干到六十五"，追求努力打拼、出人头地、发财成名，但这部常规人生剧其实只是众多选择中的一个而已。财务自由就是摆脱我们当中许多人对金钱的迷惑、恐惧和狂热。

如果这听起来像是心灵归于平静，那就对了。它是财务极乐之境。如果这听起来就像保持富有一样遥不可及，那就错了。成千上万人遵循了本书所述待钱之道、践行了书中所建议的步骤，他们对此都深有体会。

第二步：活在当下——追踪你的生命能量

金钱与生命能量的关系在你的生活中是如何体现出来的？过去你可能认为金钱不过是寻常琐事，或者是安全感、是影响力、是魔鬼的工具，或者是你生命中的大奖，那时你可能会从"应该"和"应当"的角度来证明你的行为是合理的。但现在你懂得了金钱需要用生命能量来交换，而且是你本人的生命能量，你越来越有兴趣弄明白到底有多少金钱从你的手中经过。在通往财务自由道路上的第二步，你的好奇心将得到满足。

第二步有两个部分：

1. 确定维持你的职业实际需要花费的时间和金钱，计算你的实际时薪。
2. 追踪记录你生活中进进出出的每一分钱。

你用生命能量换了多少钱？

我们已经确定，金钱不过是你用生命能量进行交换的东西。现在我们来看一下，目前你在用多少生命能量（以小时计）换取多少钱（以美元计），也就是说，你工作的那些时间挣到了多少钱？

大多数人看待这个生命能量与收益之比的方式不现实、不充分："我一周挣 1000 美元，每周工作 40 小时，所以我的一小时生命能量换来 25 美元。"事情恐怕没那么简单。想想所有与你就业挣钱直接相关的生命能量的使用途径吧。想想所有与这份差事直接相关的金钱开销吧。换言之，如果你不需要那份挣钱的差事，有哪些时间和金钱开销会节省下来？

做好大吃一惊的准备吧。有些人厌恶他们的工作——时间难熬、枯燥乏味、职场倾轧、没时间做自己真正想做的事情、与老板或同事性格不合。他们感到无能为力，于是沉溺于某种购物疗法。做好准备去发现你以"讨厌这份工作"为由花了多少钱。

还要做好准备去发现你为免于做饭、清扫、修理等事务花了多少钱。如果你不必上班，那些事就会由你自己来做。

做好准备去发现雄心壮志的诸多代价，也就是你为了不断升迁而"必须"拥有的一切。开合适的汽车、穿合适的服装、住合适城市合适小区里的合适房子、孩子上合适的私立学校。

以下面的讨论为范例，自己去发现你为保住朝九晚五的工作实际投入了多少时间和精力。未必所有类别都适用于你，你也许会认为这里没提到的其他类别与你更为相关。

对自由职业者来说，这件事或许会格外复杂，但其价值会更大。你对每份零工都进行同样的分析，可能会惊讶于有的工作被低估了、有的被高估了！

在下面的示例中，我们将给这些时间与金钱的交换随意分配数值，目的是生成一个假设性的表格。讨论结束时，我们将把这些数据列成表格，得出生命能量与金钱的实际兑换率。你在做自己的计算时请使用你的实际数字，算出你自己的个人时薪。

通勤

无论你是自己开车、坐出租车、搭顺风车、骑自行车、步行，还是乘公共交通工具，上下班都需要花费时间或金钱，或者两者兼而有之。为便于讨论，我们不妨假设你开车上下班。别忘了把停车费、桥梁和高速公路通行费以及汽车损耗包含在内。假定你的通勤时间是每天 1.5 小时、每周 7.5 小时，费用是汽油费和维护保养费，每周 100 美元（如果你乘坐公交车的话数字会有所不同）。

7.5 小时/周，100 美元/周

置装

你上班时穿的衣服和你在休息日或假期穿的衣服一样吗？还是需要有符合职业形象的专门服装？这不仅仅包括护士服、建筑工人钢趾靴和厨师围裙等明显的专业行头，还包括职场常见的定制西服、高跟鞋、领带和连裤袜。看看那些衣服吧。假如不是职业所需，你会每天在脖子上套根带子或者穿着 8 厘米高跟鞋走来走去吗？从须后水到进口化妆品，花在个人打扮上的时间和金钱也要考虑在内。

量化从采购到涂睫毛膏、刮胡子和打领带的所有梳妆打扮活动。假定你每周在这上面花的时间为 1.5 小时，费用为平均每周 25 美元（即每年的置装费除以 52 周，再加上化妆品的费用）。

1.5 小时/周，25 美元/周

餐饮

餐饮受工作影响在时间和金钱方面的额外花费有多种形式，例如，上午和下午喝咖啡的钱、在员工自助餐厅排队的时间、由于太累或太忙不做饭而订外卖或外出就餐的费用。

假定你每周总共花 5 小时到外面吃午饭或者在上午停下来喝杯咖啡。在当地熟食店吃午餐比你在家做午饭每周要多花大约 30 美元，买杯拿铁咖啡犒劳自己每周加起来是 20 美元。支出总额：50 美元。

5 小时/周，50 美元/周

日常减压

你下班回到家时是兴高采烈、充满活力、愉快地投入大大小小的事情或者与家人爱人共度亲密时光吗？还是疲惫不堪、一言不发地端着啤酒或马提尼瘫坐到电视机前或电脑屏幕前的软椅上，因为"今天累坏了"？如果你需要"一点时间"从工作压力下释放出来，那"一点时间"就是一笔与工作相关的花费。如果你冲着任何一个肯倾听的人痛斥工作和同事，那么这段时间也要算在内。瞎猜一下，这笔账是每周 5 小时，娱乐消遣用品每周要花 30 美元。

5 小时/周，30 美元/周

逃避性娱乐

请注意"逃避性娱乐"这个常用词。逃避什么？你必须逃离的监狱或限制情境是什么？如果你的生活经历始终丰富充实、令人兴奋，那你会想要逃避吗？你会花那么多时间看屏幕吗？不妨看看这样一些情景："真是辛苦的一周啊，晚上到城里放松一下吧！"或者"这个周末抛开所有烦心事，我们到拉斯韦加斯玩玩吧！"这些是必要的吗？要花掉多少生命能量和金钱？有多少周末娱乐活动在你看来是对坚守无聊工作的正当奖励？当然，品味艺术会让人心情为之振奋、精神上得到升华、素养得到提高，在这上面花费的生命能量让生命变得更加值得，因此每一秒都是有意义的。这种对艺术的沉迷与逃避无关。它是一种自我提升，因此不是与工作有关的花费。我们把逃避性娱乐的时间定为每周 5 小时，费用定为 40 美元。

5 小时/周，40 美元/周

度假

置身于大自然和到异国他乡旅行跟欣赏艺术一样，是你生活中最美好的体验。但是，如果"度假"更像是躲到某个角落里进行休整以便重新投入战斗，那它就是一笔与工作相关的花费。例如，如果你太累了，连规划一次特殊的旅行都懒得做，于是决定带全家人前往巴哈马的一个度假胜地，到那儿瘫坐在躺椅上而不是坐在家里的 La－Z－Boy（美国沙发品牌）软椅上，那恐怕就是一笔与工作相关的花费。然而，如果你卖掉储藏室里的所有东西，自愿花一个星期跟随一个研究小组到巴哈马去勘测珊瑚礁的健康状况，那可以被算作全身心投入生活。具体情况只有你分得清。

还有些什么？你每年只用几个星期来"休息一下"的度假屋、游艇或房车呢？把这些都加起来再除以 52，你可能每周要花 5 小时、30 美元让自己远离日常琐碎工作。

5 小时/周，30 美元/周

与工作有关的疾病

有多大比例的疾病与工作有关——或起因于压力，或起因于物质条件，或起因于想找个"正当"理由请假不上班，或起因于同雇主或同事的冲突？至善科学中心（Greater Good Science Center）倡导科学地度过有意义的人生，他们搜集了关于健康与快乐的研究成果。他们找到了证据证明，快乐能促进心脏健康、增强免疫系统、对抗压力、减轻疼痛、减少慢性疾病和延年益寿。[2]从我们多年的经验来看，志愿者生病和因病缺勤的情形比有报酬的员工要少得多。简言之，生活得快乐、充实的人更健康。

就这个类别来说，要评估有多大比例的医疗花费（时间和金钱）是工作导致的，办法只有一个，就是比较主观的"内心感觉"。不妨大概估计与工作有关的全部疾病开支为每周 25 美元的自付费用（超过限额后由个人承担的医疗费、药费），再加上每年花 50 小时上医院看病、到药店买药、躺在被窝里吸鼻子。

1 小时/周，25 美元/周

与工作有关的其他费用

检查一下你的资产负债表（第一步）。上面是否列有如非与工作直接相关你就不会购买的物品？看看你付给"帮手"的钱：如果你不上班，你需要请人帮忙打扫卫生、整理庭院、做家务或照顾孩子吗？单亲家庭或双薪家庭的日托费用花掉工资的一大部分，而如果你不上班就没这个必要了。做一份有代表性的一周作息的时间日志。你用掉的时间里有多少小时是绝对与工作相关的？比如说在网上浏览招聘岗位、晚上参加社交应酬以便建立人脉。此外，花时间向伴侣倾诉你在工作中遇到的挫折是不是与工作有关的活动？在继续执行本计划中的其他步骤时，要特别注意像这种隐性的与工作相关的费用。

别忽略了职业能力提升方面的开支，比如进修、书籍、工具和成人补习班。请记住，你的个人情况是独特的，但基本理念是通用的。仔细回顾一下你有哪些与工作有关的时间和金钱支出吧。

你的实际时薪

现在，把这些数字汇集起来制成一张表，约算出额外的与工作相关的时间，并把它加到正常工作周的时长里，从常规薪酬里减去与工作相关的花费。对于涵盖时间较长的项目（如度假或生病）就按 50 周均摊（1 年里减去 2 周的假期——假设你从事的工作允许休假的话）。如果你工作顺心如意就不会花费的 1500 美元度假开支，在计算时就用 1500 美元除以 50 周，等于一周 30 美元……以此类推。

当然，具体条目都会是近似值，但如果你细致勤勉，就可以得出相当准确的数字。

表 2-2 说明了这个计算实际时薪的过程，以及必然得出的一个数字：你花掉的每一块钱所代表的生命小时数或分钟数。记住，这里的数字是随意分配的。你的支出类别可能跟表上的不同，数字也就与之迥异。

表2-2 生命能量与收入：你的实际时薪是多少？

	小时数/周	美元数/周	美元数/小时
基本工作（调整前）	40	1000	25
调整			
通勤	+7.5	-100	
置装	+1.5	-25	
餐饮	+5	-50	
减压	+5	-30	
逃避性娱乐	+5	-40	
度假	+5	-30	
与工作有关的疾病	+1	-25	
为保住工作所花的时间和金钱（总调整额度）	+30	-300	
经过调整的工作（实际总数）	70	700	10

备注：如果你从工作单位获得补助（比如医疗保险和按比例认缴的养老保险），务必将这些加到你的名义时薪里，但由于不是每个人都有这笔钱，我们没把它们纳入计算。

盈亏结果：表2-2清楚地表明，你的每小时生命能量的售价其实是10美元，不是表面上的25美元。你的实际时薪是10美元——而且还是税前！此时就要问一个问题：你愿意接受一份时薪为这个数字的工作吗？（每次跳槽换工作或者改变与工作有关的习惯时都应该照这样计算一番。）

由此可推算出的那个数字也很有意思。在这个例子中，你花掉的每一美元代表你生命中的6分钟。下次掏出20美元买一件逢见必买之物时想想这个数字吧。扪心自问：这个东西值我花120分钟的生命能量吗？它与我花两个小时在路上奔波、开车去上班或者挖掘未来客户等值吗？

请注意，我们的计算忽略了一些无形的项目，比如为在公司里步步升迁而进行谋划所花的时间、处理因为工作忙而日益恶化的家庭关系所花的时间，以及维持与职业相符的生活方式所花费的时间和金钱。因工作而产生的花费以各种各样的方式弥漫于你的生活中。

当马克完成第二步的第一部分时，他的生活发生了翻天覆地的变化。他原本在建筑业当了 10 年的项目经理。他写道："我不喜欢自己为了谋生而从事的工作，但是收支能够相抵，所以我就一直忍受，总想着'好吧，大城市的生活就是这样'。"后来马克按照第二步计算了他的实际时薪。"在分析了我的开支模式后，我看明白了，我挣的钱有将近一半花在了工作上，也就是花在汽油、机油、修理、午餐上，这里一点那里一点，而且大部分是无法收回的。简而言之，我可以待在家里，就近做兼职，挣以前工资的一半反而能省下钱。"此时他才意识到，他可以放弃这份工作，去追求自己的真正愿望和目标。于是一切都变了。他在财务方面拖延了多年未处理的事情都得到了处理——还清信用卡欠款、不再到餐馆吃午饭、与妻子讨论早该讨论的理财问题而不像过去那样争吵不休等。在重新安排了自己的财务规划后，他和妻子认识到，他们完全可以靠她从事其热爱的工作（教导有特殊需要的孩子）挣钱过日子，他可以回到学校接受培训，然后去当他一直想当的心理咨询和治疗师。"我们的压力实际上减轻了，因为我们专注于修复与金钱的癫狂关系，而不仅仅是一心想着挣钱。"

为什么要进行这一步？

为什么这个练习对于改变我们与金钱的关系必不可少？

1. 这个练习使有偿工作接受真实检验，指出你实际获得多少报酬，也就是盈亏结果。

2. 它让你得以从实际收入的角度现实地评估当前和未来的就业。运用在这个步骤里收集的信息来权衡你要从事的工作会大有助益：通勤时间更长或着装要求更高的职业，实际上恐怕还不如薪资较低的职业挣得多。在对比各个工作机会时，一定要看你实际在用生命能量换来多少钱。

3. 了解你所从事工作的财务盈亏结果将有助于进一步弄清楚你参加工作和进行职业取舍的动机。马克的故事并非特例。很多人花掉所有收入，甚至倒贴一笔钱，来保住所从事的工作，却还自认为幸运。另一位财务自由人士说，执行这个步骤让他越发清晰地认识到了与工作有关的不必要花费，致使他的每小时净收入竟然增加了一倍。一旦明白了有多少开销是自己所从事的工作导致的，就能够减少甚至免除其中的许多花费。例如，他开始自己带午餐而不是订外卖，从开车改为乘坐公交车（回家路上利用乘车时间减压放松，一举两得），重新评估买那么多套时髦衣服换着穿的必要性，甚至开始每天和妻子一起散步来锻炼身体（在改善健康状况的同时也改善了两个人之间的关系）。还有些人以这个步骤的结果为就业取舍的标准。一旦能算出自己会拿到的时薪，就能非常清楚地认识到这份工作是否值得去做。事实上，有些差事在计算以前可能会申请，而现在根本不予考虑。

表2-3　生命能量与薪水对照表

	时间 （小时/周增量）	金钱 （美元/周减量）
通勤：		
通勤里程的损耗		
汽油和机油		
公共交通		
停车费		
通行费		
维护保养		
步行或骑自行车		
出租车/拼车		
保险		
置装：		
为上班买的衣服		
为上班买的化妆品		
高大上的公文包		
为上班而刮胡子		
餐饮：		
咖啡时间		
午餐		
公务招待		
为纾解工作不开心的食物奖励		
方便食品		

	时间 （小时/周增量）	金钱 （美元/周减量）
日常减压：		
不准孩子们喧哗的时间		
平复情绪需要的时间		
恢复工作状态需要的时间		
休闲用品		
逃避性娱乐：		
电影		
酒吧		
有线电视		
在线订阅		
游戏机		
度假，"消遣品"（如果是为了补偿工作的辛苦）：		
健身器材		
运动器材		
小船		
避暑别墅		
与工作有关的疾病：		
感冒、流感等		
按摩舒缓背部疼痛		
因与压力有关的疾病而住院		
其他与工作有关的费用：		
花钱请人帮忙打扫房间		

	时间 （小时/周增量）	金钱 （美元/周减量）
花钱请人帮忙修整草坪		
花钱请人帮忙照看孩子		
子女日托		
教育进修		
专业或行业杂志		
成人补习班		
人生教练		

不羞愧，不责怪

记住，在这个过程中，你对工作、职业、身份的认同感会强烈地涌上心头。有同情心的自我意识是关键。在每一种感受浮现时，关注到就行了，不要批评它，也不要批评你的职业、你的老板、你自己或这本书。你一直在拿薪水替人干活又怎样？你把每一份薪水都用来"奖励"自己又熬过了一周又怎样？你依靠每小时 10 美元的薪水过着快节奏生活又怎样？那都是过去的事了，是在你知道"金钱与生命能量的关系"之前以为自己非做不可的事。

追踪记录你生活中进进出出的每一分钱

到目前为止，我们已经确定了金钱等于生命能量，并且学会了计算每一美元要用多少小时的生命能量换取。现在我们要弄明白被称为金钱的生命能量形式在生活中每时每刻的运动轨迹——我们要每天追踪记录自己的收入和支出。第二步的第二部分很简单，却未必容易。从现在起，追踪记录你生活中进进出出的每一分钱。

许多人在金钱方面故作超然。在他们的虚幻想法中，"金钱"和"爱－真－美－灵性"分装在两个匣子里。无数人会对爱人坦诚相待，但绝不给爱人看工资单。无数家庭在债务泥潭里越陷越深，原因是彼此提醒节制支出显得不近人情。社区服务团体焦头烂额，因为他们不愿申请资金来聘请哪怕一个人承担日常的组织管理工作。朋友之间借出去的钱物永远收不回来，因为留下字据显得有点别扭，坚持要人归还就更别扭了。这在父母和孩子之间经常发生。这种金钱往来理应纯粹以爱为基础，留下字据似乎会让它变得低俗。凡此种种情形，都起因于同一个思想根源：钱就是钱，爱就是爱，两者永远不该有交集。检讨一下你自己的态度吧，你是否在用高尚的哲学理想或精神理想为财务上的糊涂状态开脱呢？

精神修炼

无论是古代的还是现代的宗教都有各种技巧来训练人保持思想专注于当下。这些修行有多种形式，技巧五花八门，比如：数息；一遍又一遍地重复一句咒语使散乱的意念集中起来；专注于一物，不回忆它的过往，也不憧憬它的未来，心中唯有此刻；习练各种武功（如合气道或空手道）；假想一个内在的"目击者"，让其观察你此刻正在做的事情。

我们给这份清单再添加一项旨在使意识更敏锐的修炼法，它对于这项财务计划不可或缺，也许比一些深奥神秘的修行更容易为我们精明务实的西方思维所接受：不是盯着自己的呼吸，而是盯着钱。

这项修行很简单：追踪记录你生活中进进出出的每一分钱。

运用这个高度精密的工具进行改造的规则是：追踪记录你生活中进进出出的每一分钱。

这个金融玄学奇迹的方法论是：追踪记录你生活中进进出出的每一分钱。

如何追踪记录你生活中进进出出的每一分钱并无一定之规。不必购买正式的记账本，比如所谓"区区49.95美元一本，带索引卡、快速参考图表和太阳能计算器"的那种。对许多人来说，随身携带一个口袋大小的记事本最合适，可以用它记录生活中的每一笔进账和开销以及收支原因。还有些人的时间比金钱更宝贵，他们把支出和收入情况记在预约本上的专门一栏。有些人在手机和电脑里（连同预约、待办事项、地址等一起）追踪他们的金钱，将银行账户与在线工具相连，只使用借记卡（或按月还款的信用卡），这样他们就名副其实地在手头掌握着最新记录。电脑和智能手机使这一切越来越容易做到，但具体做法并无对错之分——对你来说最有效的方法就是最好的方法。

有些人在这里踌躇不前了。他们不想对钱进行追踪。太难了。太小题大做了。太费时间了。太麻烦了。每一分钱？每一块钱行吗？每十块呢？或者差不多就行吧……

卡罗琳是个天生的追踪记录者，但她丈夫不是，他认为强调"每一分钱"毫无助益。大多数人根本不想那样过日子。"几年前，"她说，"我设法让他参与追踪记录，于是为他量身定制地简化了追踪记录程序，结果很成功。我们使用整数，尽量追踪现金流向，但并不过于强求。我们允许有最低金额的现金去向不明，为此增设了一个类别。这一项有时候差不多是空的，但在收支繁杂的时候也会多达200美元——那曾经让我抓狂，但现在不会了。原因在于，我丈夫开始关注这个数字，并且真正努力把它降低到一个微不足道或至少说得过去的金额。摆在那里的庞大数字提醒着他更加注意自己的花销，这比一切唠叨、争论、读理财书都要有效得多。我很高兴。"

迈克在简单生活志愿团体里当指导员已有多年，他鼓励人人都虔诚地"实践这些步骤"——他和妻子就是这样做的，结果令人惊叹。他是坚持遵守"每一分钱"准则的人。不过，当他和妻子搬进一个新社区的待翻修房子时，迈克终于理解了为什么他所在团体的成员觉得这第二步简直执行不下去。他决定自己当自己的承包商和建筑商。他的每日财务事项数量猛增，每天花在整理收据和记录开支上的时间也大增。他决定只使用借记卡，把银行发送的数据填入他的财务表格，直到支出稳定下来，这样他的生活简单多了。

有人指出，本书前言里提到的财务忍者型人士觉得追踪记录就跟呼吸一样自然，无须他人劝服，但对右脑型人士（以创造力和直觉思维著称）来说，这就好比要求左撇子用右手写字。凯伦写道："我喜欢追踪记录，过了14年后还在坚持，简直无法想象不做这件事会怎样。它使我们能够规划好一半时间在欧洲（法国的一艘船屋上）、一半时间在美国的生活，随心所欲地做点志愿活动，也可以旅行。"
她天生就是这块料。

极简主义者和创造型人士采取了跟迈克一样的策略——用借记卡
支付一切费用，理清千头万绪从而获得超乎寻常的平静安宁。一旦把
追踪记录与省出时间来创造、冥想或旅行联系起来，他们就心甘情愿
养成这个习惯。

年轻的唐喜欢读钱胡子先生关于个人理财和提前退休的博
客。开始进行追踪记录后，他更加清晰地了解到自己收入的去
向，于是把到饭馆吃午饭改为带着午餐便当上班，并且更多地在
家做饭。他表示："对我来说，它不是要以独断专制的方式限制
支出、努力更'勇于担当'，而是要弄清我目前正在怎样以一种
毫无负罪感的方式花钱。我得以把这项（食物）花费减少了将
近一半，每月节省好几百美元。一旦意识到自己的钱是怎么花掉
的，我就可以本能地控制浪费性开支，然后把那些钱花在对我和
我的整体幸福更重要的事情上。每个月节省下来的几百美元很快
就积攒起来，够我到欧洲旅行3个星期了！由于钱花得更加有效
益，我总体上更加快乐，为未来存下更多的钱，不再刻意要把钱
花在令我愉悦的事物上。"

不管选择哪种方法，一定要去执行，而且要准确。（本计划只有
付诸执行才能起作用！）要养成习惯，记录金钱的一切进出轨迹、确
切金额以及转手原因。每次花掉钱或收到钱，都要习惯性地马上记
下来。

在《邻家的百万富翁》（*The Millionaire Next Door*）一书中，作者托马斯·J. 斯坦利和威廉·D. 丹科指出，净值相对于收入较高的人知道自己在服装、旅行、住房、交通等方面花了多少钱，而净值相对于收入而言不高的人对自己花了多少钱毫无概念。这是一个鲜明的对比。

表 2-4 是虚构的两日收支条目。请注意每笔开销的详细程度，留意所涉及的开销是怎样标记的，观察如何区分便利店里零食（薯片、蘸酱、苏打水）和电池的开销。周六逛杂货店和百货公司时，支出类别也进行类似的区分。总数下的子类或称"细分"都四舍五入取约数（约数当然最好尽量接近实际数字，但计算手纸、葡萄酒等的确切费用会很耗时间），但总数必须精确到分。

表 2-4　每日记录样本

周五，8 月 24 日	入账	出账
上班过桥费		1.50
上班期间咖啡饼干		5.50
【在休息室捡的钱】	0.25	
上班期间午餐		7.84
午餐小费		1.50
【杰克还的周一午餐的钱】	7.00	
工间休息喝咖啡		3.25
凑份子（迪的新娘聚会）		10.00
上班期间从自动售卖机买苏打水		1.25
上班期间从自动售卖机买块糖		0.75
汽油：10 加仑，每加仑 3.50 美元		35.00
便利店：薯片、蘸酱、苏打水		5.39

周五，8 月 24 日		入账	出账
便利店：8 节 5 号电池			7.59
【一周净工资】		760.31	
（扣除额见存根）			

周六，8 月 25 日		入账	出账
杂货店采购			121.55
细分：约数			
机油		6.00	
贺卡		3.50	
杂志		4.50	
家用		17.75	
化妆品		15.50	
葡萄酒		10.00	
小计约数		57.25	
杂货		64.30	
总计		121.55	
百货公司			75.92
细分：约数			
家用		12.00	
上班穿的衬衫		27.00	
糖果		4.50	
照片		16.00	
五金		6.00	
车饰		10.42	
总计		75.92	
午餐，三明治店			7.88

周六，8月25日	入账	出账
和朋友聚餐，中餐馆		23.94
晚餐小费		4.50
和朋友一起听音乐会		24.00

每一分钱？……可是为什么呢？

切记，这个程序的目的就是追踪记录你生活中进进出出的每一分钱。

你也许会问："为什么要如此大费周章？"因为要想认清你生活中实际有多少钱进进出出，而不是你自以为的情况，这是最佳方法。到目前为止，我们大多数人对自己的日常小额金钱往来都采取漫不经心的态度。在实践中，我们往往颠覆了那句古老的格言："小钱精打细算，大钱稀里糊涂。"我们可能会费尽心机地向配偶述说花75美元买一个新款拼色左利手工具是超值的，然而在一个月的时间里，一次次"不起眼的"小开销让数额更大的一笔钱从我们的钱包里溜走。

"可我必须追踪记录每一分钱吗？"你也许会问。

是的，每一分钱！

为什么是每一分钱，而不是四舍五入到最接近的美元整数，或者是约数？因为这有助于养成重要的终身习惯。毕竟，多大的数值是"估计值"？多接近才算"足够接近"？

诚然，在实践中，许多财务自由人士满足于四舍五入到美元整数，但他们的疏漏仅限于此。人性就是这样，如果你开始作弊，哪怕

"只是一点点"，那一点点往往就会变得越来越大，很快你就会想："算了，我不必把每一样都记下来，记下主要花销就行了。"接着又会想："好了，现在我已经记了一个月，我想以后可以四舍五入到最接近的千位数了。"（这就像节食一样：如果你在周二早上破坏规矩吃了一块涂黄油的英式松饼而不是吃烤面包片，作弊倾向就会一发不可收拾，到了晚上你就会狼吞虎咽地吃掉一盒冰激凌和一大块蛋糕。）要想让这件事做得值，你就要花点工夫认真去做。如果你不习惯精确到每一分钱，那不妨试试精确到每 10 分钱或 1 元钱（无论是美元、欧元还是日元），若超过这个限度的话，那就好比若无其事地吃下 10 块蛋糕而实际上摄入的是大堆脂肪。

自本书问世以来，信用卡已在消费文化中变得习以为常。现在，申办一张信用卡简直就是一项成人礼。信用卡带来效率，却也让你能够更加任性随意、更加不知不觉地花钱。如果你在追踪记录时遇到困难，我们建议你过一个月的"无卡"生活。从银行提取现金，追踪记录你这一个月里花了多少钱。你不仅会对支出有更清晰的意识，而且很可能会更有省钱的动力。许多勤于省钱的人发现，这个练习让他们在花钱习惯方面如梦初醒。

既然金钱与生命能量直接相关，那为什么不高度重视这一珍贵商品，也就是你的生命能量，从而意识到它是如何被消耗掉的呢？

你也许在一开始会抵触一丝不苟地做这件事，但最终，无论你的感受如何，这个步骤必须得到奉行，因为它是通往掌控金钱之路的重要环节。

请追踪记录你生活中进进出出的每一分钱。

有益的态度

不留余地。天文望远镜哪怕其中一个镜头稍有偏差也会让你无法观测星球。人生亦然，一点点的蒙蔽造假就会让穿透云层的光亮减弱。因此，你要意志坚定、锲而不舍、绝不妥协。

你欲理清与金钱关系的决心在这里会受到真正的考验。在本计划（以及生活）中取得成功的关键之一是转变态度，从松懈散漫、留有余地转变为精准无误、一丝不苟。（顺便说一句，这种追求完美的态度在人生的其他方面也许能创造奇迹。有些人减轻了体重，保持了桌面整洁，修补了破裂的关系，全都是因为百分百地执行了这个步骤。）

不予评判，但多加辨别。评判（责备自己和他人）就是用好和坏之分给事物贴上标签。在改变你与金钱的关系和实现财务自由的道路上，你会发现评判和责难是没有用的。另一方面，辨别是一项基本技能。辨别就是区分真假、分清小麦和谷糠。在记下你生活中进进出出的每一分钱的过程中，你将开始辨别哪些花费恰当、让人有成就感，而哪些不必要、铺张浪费，甚至让人难为情。辨别力与我们人人都拥有的天赋有关，那就是：懂得真理何在，看得清全局，明白我们真正想要的是此生有所作为。在贯彻本财务计划时，这项天赋将越来越多地发挥作用。让支出与这项天赋保持一致是实现财务诚信的秘诀。通过追踪记录你生活中进进出出的每一分钱，你会唤醒这项休眠的超能力，逐渐让它来指导你的生活。

第二步提要

1. 准确、诚实地确定你用生命能量换了多少钱，算出你的实际时薪。
2. 追踪记录你生活中进进出出的每一分钱，借此机会了解自己的金钱行为。

"金钱观"讨论

若与他人讨论金钱观，你会惊讶于自己的收获，形成属于自己的见解，从赞同本书中的观点转变为自己认清真相。

利用后记里关于如何开展"金钱观"的讨论的建议，日常与伴侣或朋友闲谈时不妨提出以下问题。记住，无论哪个问题，在末尾加上一句"为什么"会让它更有深度。无论哪个问题，补充一句"我给出的答案对社会有何影响"会让它更有广度。答案无所谓对错。

- 钱是什么？
- 最多用 5 个词描述你与金钱的关系。为什么是这几个词？
- 你是有钱的时候感到压力更大，还是没钱的时候感到压力更大？
- 补充完整这句话："我要是有更多的钱就……"请详细说明原因！
- 你挣的钱能体现你的价值吗？
- 关于金钱的哪些信念使你不能成为你理想中的样子、做你想做的事情或拥有你想要的东西？

第三章

钱都花到哪儿去了？

恭喜你坚持到了现在！弄清你生活中（今天、上周、上个月和第一次拿到零用钱以来）已进进出出了多少钱是一项了不起的壮举，是朝着财商迈出的一大步。然而，就本计划要让你达到的境界而言，你才刚刚开始。你或许已经拥有鲜明清晰的见解，却不过是初尝了即将到来的种种体验。

要执行第一步和第二步，你只需听一些显而易见的专家意见（作者以及成功运用了本计划的其他所有人）：要想摆脱金钱对你整个生活的控制，进行这种强迫性清点是必要的。你只需列出收入、支出、银行余额和名下财产这些看得见的项目的名称和数量。然而在第三步，你将要更多地亲力亲为。现在你要开始对你收集到的信息进行评估。

你需要做预算吗？

这种对待金钱的方式实际上与做预算背道而驰。

说真的，做预算是防止乱花钱而让人有所节制的绝妙工具。做预算是以收入为基础的，它能帮助你规划支出。这样一来，你每个月的每笔开销都会有钱支付，你不会冲动地把房租花到一件漂亮的裙子上，或者把水电费用于深夜大肆网购。但预算是规划工具，而本计划是"让你认清自己何时达到足够点"的工具。本计划关乎你的独特性，不是按照流行看法的建议进行标准化预算分类，比如住房贷款应该占你总支出的 25% ~ 35%，食品占 20%，保健占 5% ~ 10%，或者只把收入的 5% 存起来而指望社保。将这些规则运用到生活中很可能会让你走上"朝九晚五干到六十五"的常规道路。

不过你也许跟贾斯汀一样，他住在一个老妇人家里，交换条件是每周做 10 小时的家务。预算里没有这一项。贾斯汀正在攒钱买野营车。他要把这笔钱放在预算里的什么地方呢？他打算住在野营车里，开车环游美国，联系能接待沙发客的房主，找一条行车道来停车。这是有预算的假期吗？但他计划写旅行博客，并邀请赞助商支持他。这算是有收入了吗？他想学会觅食，也想学会打猎。这该列在食物还是"娱乐"下面？

这些类别说明，并不是每个人都能将其复杂的生活填进分类鲜明的电子表格。与做预算不同，本计划的第三步可让你认清金钱，却不会剥夺你的个性和创造力。

本方法不使用标准的分类和标准的百分比，也不制订支出计划。按照本方法，你将通过观察自己实际如何消耗生命能量，揭示自己与金钱的独特关系来发现你的模式。可以肯定，这个觉悟会改变你，不是因为一个随意的财务目标，是因为你想要的无非是好好度过一生。

不妨把它想象成节食与正念饮食之别。节食是指你在饮食方面执行一套规矩来达到一个效果——减肥。节食办法多得让人眼花缭乱，往往完全相互矛盾。对自己感到不满意的人们逐一尝试各种办法，谋求脱离体重过高的苦海。这是由外而内地施加变化。

正念饮食是指你放慢节奏，留意自己真正渴求的是什么。如果没有这样的自我意识，我们也许就会在累了、渴了或者需要到阳光下散散步的时候吃东西。按照正念饮食的观念，你要品味食物。品味是身体感知所吃的东西对我们是否有益的一种方式。你时不时停顿一下，看看身体是否已经饱足，如果饱了就停下。它是由内而外的，宗旨是为身体着想，而非符合标准。

在一本名叫《节食无用!》（*Diets Don't Work!*）的书里，鲍勃·施瓦茨提出了摆脱节食怪圈的四条规则：

1. 饿了才吃。
2. 吃身体想要的东西。
3. 每吃一口都要用心体会。
4. 身体感到饱足了就停下。[1]

非常简单。你要做的就是保持自觉。所谓自觉就是：当你思考和感知的时候，你很清楚自己在想什么、感知什么。它是在培养一个内在的目击者，默默观察所发生的事情，不评判，不鉴定，只是好奇。一旦你发现自己犯了老毛病——在感到无聊、独自在厨房里、做家务的间隙、想为表现出色而犒劳一下自己、郁郁寡欢、妒意难消或者满腔怒火的时候吃东西，你就回归自觉状态，不必内疚，直接观察自己的饥饿感、饱足感和积极性。这种方法听上去很简单，却未必容易做到。它需要发掘并运用一些可能已经因为滥用而退化的精神力量。你必须识别什么是"饿"、什么是"饱"，识别你是真正想要，还是因为觉得总是得不到而渴望，识别你在吃东西的时候实际吃下的是什么。本财务计划为你指明的方向与正念饮食是一致的：

1. 要识别并遵循内在的信号，而不是外部的劝诫或习惯性欲望。

2. 要观察和调整你长期的消费模式，而不是你在短期内怎么
   花钱。

　　这不是要遵循我们（或其他任何人）的预算，不是要进行标准化的分类并就每个类别应占收入的百分之多少提出建议。这不是要在每个月初发誓做得更好，不是要让人感到愧疚。它是要你自己去确认需要什么而不是渴望什么、购买哪些东西或哪些类型的东西确实带给你满足感、对你来说什么是"足够"、你的钱实际上花在了什么地方。本计划基于你的实际情况，而不是基于一套外部规范。因此，它的成功取决于你的诚实和诚信。

　　本计划与其他几十个、几百个理财方案的不同之处就在于：它基于自觉性、满足感和抉择，不是基于预算或刻意受苦。

　　从第三步开始，你将运用这些觉悟力量。如果你目前状况不佳，那你也许会感到有点痛苦，但在现实中，执行这个步骤并不是什么痛苦的事情。事实上，它很有趣！

不羞愧，不责怪

　　记住那句咒语：不羞愧，不责怪。你面对的不过是你在生活中所做的各种选择的真相。不羞愧，不责怪。能够自己做这件事而不是接受国内收入署审计，这是多么幸运啊。能够现在做这件事而不是弥留之际做这件事，是多么幸运。记住，每当你想躲到床底下的时候，每当你想大肆采购来忘却烦恼的时候，每当你断定本计划不起作用而准备放弃的时候，请念一念这句咒语：不羞愧，不责怪。

安妮塔需要类似这种咒语的东西来帮助她以全新觉悟审视自己的衣橱。她的嗜好毫无疑问是服装和首饰。她曾经是个购物狂，一坐进车里就有一种冲动想去逛商场，看看有什么东西在打折。不知怎的，这种习以为常的购物和花钱行为让她自我感觉良好。但麻烦就在这儿——多年购物成瘾的结果，全堆在衣橱里。假如她那时候改过自新就好了，但她没有。她继续购物，最终，她入不敷出。买回那么多衣饰却并不穿戴，终于不再让她感觉良好。作为过渡措施，她把这些衣饰当礼物送出去，以此为自己乱花钱寻求宽慰。把从未穿戴过的东西送给合适的朋友或亲戚让她很开心。慢慢地，她的购物欲望减弱了。然后有一天，她在自己最喜欢的一家百货公司里寻觅新款式的毛衣时，突然觉醒："我的一生就要这样度过吗？一辈子就为了这些吗？我这是在干什么？我的衣服已经够多了！"她两手空空地离开了商场。在那次经历之后，安妮塔发现自己已经失去了购物的欲望。

如果安妮塔一直遵从标准的预算和支出计划策略，那她恐怕不会认识到自己的购物是一种不由自主的强迫性行为。她将依然是个"社交性购物狂"，绝不承认自己有任何问题。通过在购物习惯中逐步运用觉悟和同情心，她最终得以深刻地认识到自己拥有的已经足够。她现在对购物极其反感，以至失去了几个以逛商场为主要社交活动的老朋友，但她收获的更多。

好了，我们已经理清了来龙去脉，接下来就执行第三步，创建你的月度表。

第三步：月度表

在追踪记录了一个月的收入和支出（第二步）后，你将掌握有关自己生活中金钱流动的丰富确切的信息，详细到每一分钱。在这个步骤中，你将确立能反映自己生活独特性的支出类别（而不是过于简化的预算簿类别，如，食物、住所、衣着、交通和健康）。

虽然你仍然可能会选择采用这样的基本类别，但在每个大类里面，你会发现并分出许多重要的子类，它们将更为准确地呈现你的支出情况。这个步骤的乐趣和挑战性在于发掘你自己独特的支出类别和子类。这些子类就像记载你独特支出习惯的百科全书。它们大概会是迄今为止对你生活方式最准确的描述，包括了你所有的怪癖和过失。

这幅对你生活的详细描绘体现了你真正的盈亏情况。忘掉生活中的虚幻想法。忘掉你对自己和别人讲的故事。忘掉你的简历和你参加的各种社团。在执行第三步的时候，你将拥有一面清晰的、看得见的镜子来反映你的实际生活，你在时间流逝过程中的收入与开销。在这面镜子里，你会看到自己为挣钱而投入的时间到底换来了什么。

确立类别

在确立类别时，你要诚实精确，但不吹毛求疵。

食物

　　除非你跟其他人特别不一样，否则你一定有一个名为"食物"的宽泛类别。不过，在查看一个月内的食物花销时，你也许会发现，其实有好几个类型的食物采购值得追踪记录。有些是你在家里和全家人一起吃的食物，还有些是你在家里招待朋友或者大家庭成员的时候吃的食物。所以你可以有两个类别："自家人"和"客人"。但别太过度。不要盯着饭桌上的客人，在小本本上记录他们吃了些什么、吃了多少。这时候如果你问："哈尔叔叔，要不要再吃点？"那会让人误会。在食品杂货账单的确切总数范围内大约估计一下有多大部分用于待客就行了。例如，如果餐桌上多了 4 个人，而你通常只为你和伴侣两个人采购，那么本次聚餐食品杂货账单上约三分之二的钱就应该归属到"客人"栏。总数精确到分，但总数下的细分是估计数。

　　还有"餐馆"类，包括上班时叫外卖和外出就餐。如果外出就餐不再是特殊情况，也就是说你经常光顾高档餐厅，那你可以把它进一步解析为"太累了，不想做饭"和"特殊情况"。在离家上班到下班回家大概 12 小时的忙碌生活里，如果你想保持厨房干干净净并睡足 8 小时，那么，不做饭看起来是唯一的办法。你也许还想看看吃零食花了多少钱。工间休息时喝杯咖啡一个月要花多少钱？电视食品，也就是常常在看电视的时候吃下去的薯片、爆米花、糖果和软饮料呢？如果你好奇自己真正钟爱的是什么、好奇自己能否改吃有机食品而不至于破产，那你还可以把它进一步细分为健康食品和垃圾食品。

　　如果你确立了能反映自身实际行为的类别，而不是把一切都笼统地写在预算簿里名为"食物"的栏目下，那么，诸如此类的支出模式就会呈现出来。追求这种精确并不是为了在财务顾问面前更确切地说明情况，而是这样一来，当你无奈地举起双手大喊"钱都到哪儿去了？我什么都没买啊！"的时候，可以坚定有力地自答："它都投进办公楼三层的糖果机里了。"

住房

你的住房类也许会包括房贷（或租金），子类有水电费、抵押贷款利息扣除（如果适用的话），还有把家里的房间出租给住客的收入。

另一个极端是，你也许有多处房产——郊区有一幢，海边有一幢，城里还有一套小公寓。给每处房子单列一个类别，那会有助于你搞清楚在需要的时候租房子是不是比买房更划算。

50 年前，预算编制的经验法则是允许你把收入的 25% 用于住房。现在，当人们把这个类别的所有费用都合计起来，往往发现购房款占用了他们收入的 40% 以上。为了不超支，他们找到各种巧妙办法来减少在住房上面的花费，有时甚至降到零。有一对夫妇从事技术工作，在哪儿生活都行，他们夏天在北半球一个热闹而消费高的城市度过，冬天则到南半球的一个偏僻海滩上过冬，后者简直 1 分钱都不用花，因此住房支出减少了一半。一名单身女子贷款在旅游区买了一幢视野开阔的房子，她在夏天那几个月里把野营车停在朋友的地皮上生活，而把自己的房子租出去，就这样还清了房贷。一位退休的老妇人过去当过业主，知道费时费钱地拥有房子是什么滋味，她以照料房屋细心而闻名，现在专门替人照看房子，既有报酬拿，又住着当地一些最漂亮的房子。当然,如今也有 Airbnb(爱彼迎)这样的网站专门为旅游人士和家有空房出租的房主牵线搭桥。现在你明白为什么标准的预算簿分类不再起作用了吧?

衣着

说到衣着,你也许会发现,简单地设立一项名为"衣着"的类别无法提供足够的信息来反映你独特的开支模式。你可能需要区分实用与时尚(例如,不想连续两天穿着同一套衣服到办公室,或者想盛装出席社交聚会以便显得鹤立鸡群)。换言之,要具体一点,要做适当的区分。为了准确地绘制出你的开支模式图,你可能需要设立几个子类。有些是日常在家穿的,有些是你认为适合上班穿的,还有一些是你觉得休闲娱乐活动需要的特殊服装。一位医生一直有 20% 的收入不知去向,他遵循本计划尝试弄个明白,结果发现自己特别喜欢买鞋。他有高尔夫球鞋、网球鞋、跑鞋、划船鞋、徒步鞋、旅游鞋和登山鞋,还有适合越野滑雪的鞋子、适合快速下降滑雪的靴子和适合滑雪后社交活动的靴子。仅仅通过设立一个鞋类,他就找出了一部分去向不明的收入,并且发现了这样一个事实:除了舒舒服服的居家便鞋,别的鞋子他都几乎从来不穿。他不是唯一有恋鞋癖的人。截至 2015 年,美国鞋业的销售额超过 640 亿美元。[2]同年,消费者报告国家研究中心(Consumer Reports Wational Research Center)针对美国女性进行的一项全国性调查显示,平均每位女性拥有 19 双鞋,其中只有 4 双是她经常穿的。[3]

这不仅仅是会计工作,这也是一个自我发现的过程。也许唯独这个自我发现过程有望让你改善财务状况。你还可以根据感受而非场合来分类：让自己开心的衣服，取悦老板或约会对象的衣服，顺应潮流的衣服。俗话说"人靠衣装"，那么，不妨看看你买那些衣服是想让自己呈现什么样的面貌，以及那种欲望让你付出了多大的代价。

交通

　　为"交通"适当设立子类有助于你深入了解情况，能让你每年节省数百美元。如果你有车，核算会是一个大好机会，让你反思到底为什么要拥有一辆车而不是搭乘公共交通工具。为了方便、地位、需要、赶潮流、自由感……？能不能不保留车而采用拼车和短期租车的方式，或者利用在电话叫车服务中有多种选择的汽车共享？在有些城市，你可以通过共享应用软件租车。

　　你的交通出行费用中有多大比例是选错地点造成的？许多人疏于考虑步行能否到达的问题，他们在没有公交线路或自行车道的地区买房或租房。堪萨斯州的农民或许没有卡车就无法生存，但如果你从郊区搬到离上班、上学和购物几个街区远的地方，那你的交通出行开支也许会归零。

　　这也是你检视车险的好时机：保险中有哪些项目是必要的，而哪些是习惯、惯例和受业务员恐吓使然？顺便看看，从房子到古董，还有什么东西的保险超额了？你的第二辆车属于哪一类：代步工具、业余爱好还是摆阔炫耀？如果你没有车，你是不是明明可以采用公交车或其他方案，却花了太多的钱去坐花费不菲的出租车？

电子产品

消息灵通、保持联络是现代社会的一项关键内容，过去 10 年里一项与日俱增的开销是获取和发送数据的费用。手机、互联网、有线电视、平板电脑和智能手表正迅速成为一个不容小觑的支出类别。如果只是列出一个"电话"类，那你恐怕会错过若干省钱选项。许多人在看到了保持联络的高额费用后马上放弃了座机。还有的人不再使用两年期合约的手机服务，并且通过克雷格分类广告网站购买手机。若设立"座机""手机""设备"类别，你就可以更清楚地看到自己的支出模式。同时，想一想哪些电子产品是工作的需要，哪些是休闲或个人发展的需要。

娱乐

过去，看电影这种娱乐的唯一途径是去电影院，但现在，电影可以通过家庭娱乐系统、平板电脑、台式电脑、手机等途径呈现在我们眼前。具有启发性的做法是设立一个"娱乐"类别，然后往下细分出流媒体服务（作为一个大项列出，或者更具体地列出你的多条订购项）。它们全都有必要吗？音乐流媒体服务呢？还有你的家庭娱乐中心，你要升级设备，然后必须升级家具来容纳你的新设备，必须重新粉刷房间，它是不是成了一个消费场所？你参加俱乐部吗？你为孩子的派对以及成人的派对雇用艺人吗？如果有子女，你给他们购买的服务和装置有多大部分属于"娱乐"类？也许它们应列入"保姆"类？你是否应该设立一个名为"育儿"的类别？那可能会让你找到更便宜的方法来转移他们的注意力，并让他们见识老辈人的童年乐趣，比如户外嬉戏。

优化类别

　　这种无情的坦诚能够让人忍受的原因在于，你可以悄悄在自己的账簿里面对那些小小的过失与轻率的行为，不会被"抓现行"。因此，如果你在制作月度表的时候赫然发现了自己的一些缺点和弱点，请不要吝于保持诚实。还有什么更好的方式来承担自己行为的后果呢？请记住，这个练习不是为了对自己超过预算的行为进行惩罚，而是实现坦然的自我接纳。这样一来，你就会勇往直前地坚持下去。例如，你拿去玩老虎机或买彩票的那份伙食钱该归入哪一类？当你犹豫不决，不知该把烈性酒记在哪里时，又一个关键时刻也许会到来：它是食物，是娱乐，还是成瘾性的致幻"毒品"？

　　区分与工作有关的开支和其他开支也很重要。例如，在"交通"一栏下面，你要分别列出通勤费用和其他（不能报销的）与工作有关的交通开销。如果同一辆车既用于通勤也用于玩乐，则按每一类所占的里程划分费用。同样地，如果你的手机既用于处理公事也拨打私人电话，那些费用就应当分别列出。

　　"医药"类别里面也许能分出好几个子类：疾病、保健（也就是你买来让自己更有活力、更有精神的东西，如维生素、健身俱乐部会籍、年度体检）、健康保险（尽管其实坦率地说，呵护健康要靠你自己，治病要靠医疗系统）、处方药、非处方药等。不难看出为什么这个过程让人们改变的不仅仅是他们与金钱的关系。

还有一项优化在于你决定如何对大笔的"不寻常"开支进行分类，比如年度保险费、购买新冰箱的资本性支出、缴入个人退休金账户的钱或者买房尾款。在我们看来，做这件事没有什么"正确"方法。我们在整整一年里，每个月都听到自己给特殊开销找同样的借口（"这个月不同寻常，因为有这样那样的事情必须花钱"），最终会认识到：每个月都是不寻常的一个月，特殊开销在生活中是持续不断的。

你可以随着时间的推移逐渐完善你的分类。这个练习应该很简单，而且很有趣。它需要诚实与创造力，需要激发你的想象力，需要挑战你的道德观，多管齐下。它比大多数视频游戏、电视节目和棋盘游戏合到一起还要好。

在执行这个步骤的过程中，慢慢地，你不仅会优化分类，还会发现每个类别都逐渐保持在一个可预测的范围内。你将看清自己的支出模式，随着成长、变化和学习，你会由内心生成（而非由外部强加）一幅独特的、怡人的、流动的消费图画，那与老式预算簿的分类大相径庭。

别忘了，你还要记录生活中的所有进账，恐怕要给收入也设立子类。要区分工钱/薪水/小费与利息/红利收入/主要收入与外快，这很重要。在人行道上捡到的一角硬币、从自动售货机取回的硬币往哪儿记？如果你是一名独立承包商，你可能会给商业账户上的每个客户都单列一行。但如果你是自由职业者，那给每一个工种设置子类就行了，比如：遛狗、杂务、教练、代课、出租自家客房给旅行者。随着你继续执行本计划，你也许会有一个名为"出售杂物"的收入类别，下设子类为"eBay（亿贝）"、"庭院售物"和"旧货市场"。你还会有一个日益庞大的类别叫"投资收入"（后面会详细介绍）。你还可能会有收入不同寻常的月份，比如当你正在写的一本书拿到版税预付金的时候，或者从哈里叔叔的遗产里得到 7 万美元的时候。这些收入类别并不像你的支出类别那么有启发性，因为你已经有了警示工具来分析每一项收入，那就是你的实际时薪。

检查了追踪记录工具上逐项列出的一个月内各个条目、创建了能准确描述你支出模式的类别之后，请想出一个适合自己的方式来记录每个类别下的花销。表 3-1 将提示你如何制作这样一份表格。你会注意到有几列是空着的，后面我们将讨论这几列有何用途，但眼下只要把它们纳入表格就行了。

表 3-1　月度表样本

月份：　　　　　　　　　　　　实际时薪：

开支	总数（美元）	生命能量			
食物					
在家					
餐馆					
待客					
住所					
本金/租金					
利息					
饭店					
水电杂费					
电					
手机					
水					
衣着					
必需品					
上班需要					

开支	总数（美元）	生命能量			
特殊场合					
健康					
处方药					
非处方药					
就医					
休闲娱乐					
电视/互联网/游戏					
流媒体					
业余爱好					
酒类					
交通					
汽油/机油					
维护保养					
公共交通					
通行费/停车费					
其他					
收入					
支票					
奖金/小费					
利息					
贷款					

（A）本月支出总额_____

（B）本月收入总额_____

（B－A）本月结余总额_____

算出总数

提醒一句：是的，有各种各样的电脑程序和应用小程序能做这件事，但这个步骤的要义在于对开支进行分类，而即便是最好的软件也无法区分如何对高尔夫进行归类——是"休闲娱乐"还是与工作有关的开销（因为高尔夫球场是你谈生意的地方）？千万不要因为没有合适的电脑程序就想当然地认为你根本无法完成这个步骤。很多喜欢自己动手的人乐于编制一份个性化电子表格，带有计算公式和彩色编码单元格。我们还见过一些人在钱包里的小卡片上草草写下隐秘的代码。还有些人也许以每月银行对账单上的图表为起点建立自己的财务日志。虽然有些在线平台可让你将各个银行和信用卡账户串接起来，形成一站式摘要，但你务必花时间过滤一下日常交易。这些工具非常有用，但关键是要找到一套适合你的方法。比如有人会采用老式的办法：用纸和笔记录，手动计算各栏数字的总和。是的，这些步骤早在计算器问世之前就发挥奇效了！

不管是手动计算还是机器计算，过程很简单。月底，你要把追踪记录的流水账上每个条目转记到月度表上相应的列。把收入各栏加起来，得出你的月度总收入。将每一栏的花销加起来，在该栏最下面填写每个子类的总和。然后将所有开销类别的总和相加，得出的总数就是你的月度总支出。

结算行动

接下来，数数你钱包里和存钱罐里的现金，核对你的支票账户和活期储蓄账户余额。现在你有了足够的信息来了解你在过去一个月里生活中进出款项的情况。如果你记录得准确（并且从来没丢过钱），那么你在月底实际拥有的钱（现金和银行账户里的钱）将等于你在月初拥有的钱加上月度总收入再减去月度总支出。如果你记录得不准（或者丢过钱），那你就会有短少或多出的钱却解释不清。月度总收入与月度总支出之间的差额（加上或减去月度误差）就是你这个月结余的钱。当你的月度误差始终为零时，你就会知道自己已经掌握了第二步（追踪记录每一分钱）。恭喜！你已经创造了一个小小的奇迹。

表3-2是一份月度数据样本，但它只可用作样板。要感受到乐趣并且获益，就必须创造一套适合你特有情况的结算方法。

表3-2　月底结算样本

第一部分				
等式：				
月初金额（美元）＋月内进账金额（美元）－月内出账金额（美元）＝月底金额（美元）				
月初金额（美元）：		手头现金		103.13
	＋	支票账户余额	＋	383.60
	＋	活期储蓄账户余额	＋	1444.61
				1931.34
＋进账金额（美元）：	＋	月度总收入		
		（从月度表抄录）	＋	2622.23
				4553.57
－出账金额（美元）：	－	月度总支出		
		（从月度表抄录）	－	1996.86

=月底金额（美元）：	=	月底应有金额（美元）	2556.71	（A）
第二部分				
月底实际金额（美元）：		手头现金	173.24	
	+	支票账户余额	+ 597.36	
	+	活期储蓄账户余额	+ 1784.69	
	=	月底实有金额（美元）	2555.29	（B）
第三部分				
月度误差：		应有金额（A）	2556.71	（A）
	-	实有金额（B）	- 2555.29	（B）
	=	丢失或记录不明金额	1.42	
第四部分				
结余：		月度总收入	2622.23	
	-	月度总支出	- 1996.86	
	±	月度误差	- 1.42	
	=	本月结余	623.95	

让钱变得真切

现在，落实本计划的一把魔法钥匙要出现了。摆在你面前的数据虽然准确无误并进行了结算，却还没有力量改变你与金钱的关系。它不过是你在一个月里成功追踪记录一张张纸钞、一枚枚硬币的副产品。你也许曾经在这个记账过程中产生情绪上的反应，但下次一走进商场看到逢见必买之物，你就会把那些情绪忘得干干净净。比方说，你也许会每个月在杂志上花掉 80 张纸钞（美元），但这个事实与你的生命体验没有任何直接关联。然而，记住金钱是你用生命能量换来的，你现在就可以把那 80 美元转化成对你来说真真切切的东西：你的生命能量。换算公式如下：

花在杂志上的钱 ÷ 实际时薪 = 生命能量小时数

在第二章，我们做过一个样本计算来证明，理论上的每小时 25 美元工资实际上可能会是每小时 10 美元。显然，你的实际时薪是别的数字，但为了举例说明，我们不妨就使用每小时 10 美元这个数字。因此，就这个订阅杂志的习惯而言，你可以用这 80 美元除以你的实际时薪（10 美元），结果会发现你为这项消遣花掉自己 8 小时的生命时光：

80 美元 ÷ 10 美元 = 8 小时生命时光

现在，你可以用真真切切的东西（从摇篮到坟墓的单向旅程中，每天不可挽回的 8 小时时间）来衡量床头柜上越堆越高的一大摞精彩（却未阅读）杂志了。那是一整天工作时间！那些杂志分三次消耗你的能量：一次是挣钱买杂志，另一次是熬夜阅读，最后一次是你因还没读完而新的一期又到了感到愧疚（且不提你还得存放和处理它们）。这 8 小时能有更好的运用方式吗？周五歇一天怎么样？还认为你没时间陪家人吗？这跟习惯性拖延症有什么关系？你一直想补觉，找到办法了吗？那些杂志值得你为得到它们而花掉的每小时时间吗？它们有没有给予你 8 小时的愉悦、有价值的教育和其他东西？先别回答这些问题。只需注意到，将美元数转化为你的生命小时数就能揭示你为自己的生活方式进行的真正交易。在第四章，我们会进一步分析这些发现。

我们来看看另一个例子：你的房租或房贷月供。假设你每月为了有房子住而支付 1500 美元。你明白自己的实际时薪是 10 美元，所以用这 1500 美元除以 10 美元。现实情况是：头上的这块屋顶让你一个月耗费 150 小时。如果你每周工作时间是法定的 40 小时，那你很快就会意识到：住房费用消耗着你在工作中投入的几乎每一小时。每小时上班时间都要用在你每天只能享受两三小时的房子上面。值得吗？当然，你可以因为有抵押贷款利息扣除或向丈母娘租房的优惠而刨去几小时，但诸如"我住的城市消费水平太高"之类的借口太站不住脚了。要感谢这一觉悟的残酷性。它将为你的个人盈亏结果创造奇迹。不羞愧，不责怪，但也别花言巧语、叽叽歪歪。

现在来看月度表每一行的总数，将每个子类中花掉的美元换算成你消耗掉的生命能量小时数（可以四舍五入到最接近的半小时数）。你的月度表上现在会有"生命能量（总小时数）"列，如表 3 – 1 所示。

图片胜过千言万语

我们用现实生活中的例子来看看一些财务自由人士是如何让这个步骤与自身契合的。

看看罗丝玛丽在表 3–3 里如何设置类别。你不觉得扫一眼她的 1 月份表格就能对她的独特个性略知一二吗？她显然非常爱美，因为她有两个与此有关的类别（美容和美学）。她显然很在意自己的身体，愿意花钱维护自己的健康。她有"保健产品"

和"保健服务"等健康类别而没有"药物"和"就医"等疾病类别，这很能说明问题。"捐赠"类别说明，她为公益事业做出的贡献很大，足以单列一类而不是把捐赠归入"杂项"。"个人成长"类别是标准预算簿里所没有的。这就是觉悟，不是严格的预算。

表3-3　罗丝玛丽的月度表（含生命能量小时数）

月份：1月　　　　　　　　实际时薪：12.14美元

开支	美元总数	生命能量小时数	收入	
租金	560.00	46.1	工资	2085.00
天然气			里程补偿	37.00
电	21.70	1.8	其他	23.25
水电杂费综合				
手机	5.72	0.5		
家用	29.39	2.4		
食品杂货	85.25	7.0		
请客	3.44	0.3		
外出就餐	6.03	0.5		
酒	6.57	0.5		
汽油/机油	37.88	3.1		
汽车修理/保养				
汽车保险/登记	248.47	20.5		
停车费	2.00	0.2		
公交车/渡船				
健康保险	55.89	4.6		
保健产品				

开支	美元总数	生命能量小时数	收入	
保健服务	7.75	0.6		
卫生				
美容	13.18	1.1		
必需性衣物	10.74	0.9		
非必需性衣物	25.45	2.1		
娱乐				
美学				
礼品/贺卡	18.60	1.5		
订阅	25.11	2.1		
个人成长				
邮资	3.15	0.3		
办公用品				
复印				
捐赠				
银行费用				
杂项	0.62	0.1		
贷款月供	78.00	6.4		
总计	1244.94		总计	2145.25

　　光是创建这个表单的过程就给予了罗丝玛丽宝贵信息来认清自己的优先事项，并以看得见的方式来追踪她为自己在乎的事情投入了多少生命能量。每月填写数字的例行动作犹如一个令人兴奋的游戏：她在每个类别的表现如何？比上个月高还是低？与去年同一类别的平均水平相比如何？趋势是上升还是下降？

现在我们来看看一对夫妇如何创建类别，看看他们对这些类别进行追踪记录的月度表。

玛迪和汤姆住在缅因州的乡下。从职业上讲，两个人大相径庭——汤姆开卡车，玛迪当会计。但就个性而言，他们情投意合，将收入和开支合并计算让他们心意相通。在计算实际时薪时，他们把两个人的总数相加，得出两个人的共同数字：每小时10.23美元。如表3-4所示，玛迪的调整后工作时间总数为77.5小时，汤姆的调整后工作时间总数为67.5小时，合在一起为145小时。玛迪的总收入为1080.31美元，汤姆为402.50美元，二人合计1482.81美元。用合并收入除以合并小时数就得出了每小时10.23美元这个数字。若用60分钟除以那个实际时薪，我们就会知道花掉的每一美元代表着约6分钟的生命能量。

表3-4 玛迪和汤姆的实际时薪计算方法

生命能量 vs. 收入			
	小时/周	美元/周	美元/小时
玛迪的基本工资，税后			
（调整前）	50.0	1207.50	24.15
玛迪的调整项	加上小时数	减去费用	
通勤	3.0	11.27	
上班期间用餐	5.0	24.15	
做准备	0.5	3.22	
招待/外出就餐	7.0	48.30	
度假	12.0	40.25	

		小时/周	美元/周	美元/小时
玛迪的调整总量		+27.5	− 127.19	
含调整量的工作：	玛迪	77.5	1080.31	
	汤姆	67.5	402.50	
	合计	145.0	1482.81	10.23
与去年同一类别的平均水平相比如何？趋势是上升还是下降？				

将两个人的收入和开支合并计算对玛迪和汤姆来说是适用的。另外有些夫妇发现，只有将两个人的收入和开支分别计算才能准确反映他们的独特支出模式。

你可能会认为，因为玛丽和唐有着相同的爱好（音乐）、相同的职业（计算机编程），他们一起追踪记录其收入和开支是顺理成章的。虽然从表面上看是天生一对，但他们的个性和风格却截然相反。唐比较理性、保守、做事审慎。玛丽则更为感性、勇于尝试、不讲条理。他们的逢见必买之物不同，他们的购物习惯不同，他们的兴趣爱好（除了音乐）不同。一起制作月度表都没有给他们两个人提供太多有用的信息。不仅如此，在开始执行本计划后不久，玛丽辞去了编程工作，开始外出当全职钢琴教师。她的工作小时数和报酬变得不规律，于是他们决定由她做家务来抵消对家庭收入贡献的减少。这个与金钱无关的安排在月度表上没有得到让他们满意的体现。他们越是努力地让这个表格有效，关系就越紧张。为了维持婚姻平稳并继续落实本计划，他们决定将两个人的财务分开管理。对唐来说，这很明智。玛丽有点害怕，但同意试一试。让玛丽惊奇的是，她发现拥有自己的账户使她感到了美妙的自主性。她认识到自己在婚后不知不觉变得有依赖性，她重新建立起了在单身时曾感受到的力量和独立。

我们再来看看另一位财务自由人士如何制作她的月底资产负债表。

第一章里提到的伊莱恩运用她的计算机程序员的逻辑头脑给自己设计了一份资产负债表。她的月度表分类跟罗丝玛丽的很像，我们无须再重复，但她的资产负债表准确简练，富有借鉴意义（参见表3-5）。给自己设计的这个表格使她月底的结算过程变得既轻松又准确。活期储蓄、货币市场账户和债券加起来是她的资本。这些钱都是能赚取利息的，她喜欢把它们与支票账户里的钱分开。8月份，她的净值增加了将近6000美元，追踪记录过程中漏掉了15.40美元。

表3-5 伊莱恩的资产负债表

8月			
资产	开始	结束	变动
活期储蓄账户	609.03	609.08	0.05
定期存款账户	5949.26	2477.53	-3471.73
债券	104 650.00	112 700.00	8050.00
支票账户	700.40	2159.99	1459.59
手头现金	151.73	111.80	-39.93
追踪到的收入	6878.56	净值变动	=	5997.98
追踪到的支出	-865.18	追踪到的变动		6013.38
追踪到的变动	6013.38	差额	=	-15.40

讲这些故事的目的不是给你提供一个可遵循的标准，而是启发你创建一个适合自己的月度表。记住，这不是预算簿，也不是支出计划。这并不是要试图把你的正方形（或八角形）螺丝钉硬塞进社会的圆孔里。创建表单将是一个自我发现的过程。你不是在学习"正确的方式"，而是在创造属于自己的方式。要做这件事就动手去做，除此之外别无正确方式。

这个步骤对于本计划的其余部分至关重要，所以，如果有人自豪地宣称在执行本计划却只是估计而不跟踪记录，那是很荒谬的。这个步骤可让你洞若观火、充满力量，你为此投入的每一分钟都会是值得的。

第三步提要

1. 根据一个月内跟踪记录的收入和开支的情况列出你独特的支出和收入类别及子类。

2. 制作月度表。

3. 把所有金钱往来输入相应的类别。

4. 把每个子类里花的钱加起来算出总数。

5. 算出月度总收入和月度总支出。算出手头现金和所有银行账户余额的总数。运用公式（月度总收入减去月度总支出再加上或减去月度误差）。你在月底实际拥有的金额应该等于你在月初拥有的金额加上月度收入再减去月度支出。

6. 使用你在第二步里算出的实际时薪，将每个子类里花掉的美元数额转换成生命能量小时数。

"金钱观"讨论

两人、三人、四人或更多人的智慧胜过一人。有时候，看看别人怎么执行这些步骤是有帮助的，仅仅是看得见的成果就会引出很多有趣的问题。

利用后记里关于如何开展"金钱观"讨论的建议，日常与伴侣或朋友闲谈时不妨提出以下问题。记住，无论哪个问题，在末尾加上一句"为什么"会让它更有深度。无论哪个问题，补充一句"我给出的答案对社会有何影响"会让它更有广度。答案无所谓对错。

· 你如何保持对金钱的觉悟？

· 你投了哪些保险？为什么？

· 关于金钱，你最想问朋友什么问题？问专家呢？问亲戚呢？

· 你在花钱的时候有什么感觉？

· 你最美好的给小费、缴纳什一税①或馈赠的经历是什么？

· 你的当务之急是什么，你的支出是否与之相符？

---

① 什一税是欧洲基督教会向居民征收的宗教捐税。——编者注

第四章

赚到多少钱就退休？

她救了我，赋予我生命的价值。它是我不知该如何花的货币。

——电视连续剧《神探夏洛克》中的台词

你打算如何对待你仅此一次的自由而珍贵的生命？

——诗人玛丽·奥利弗

不要去想世界需要什么，想想什么能让你富有活力，然后付诸行动。因为世界需要的是有活力的人。

——哲学家兼神学家霍华德·瑟曼

什么能让你富有活力？你打算如何对待你仅此一次的自由而珍贵的生命？

短句箴言大师阿什利·布里连特画过一幅漫画，画中满脸愁容的男孩说："我不知道怎样才能快乐，学校里没教过。"

如果说追求幸福是写进了《独立宣言》的与生俱来的权利，而我们追求幸福的天资在学校里已丧失殆尽，那我们现在就需要看一看是什么让我们充满幸福感或满足感。满足感是我们改变与金钱关系的罗盘和船舵。

无论是达成一个目标，还是陷入一种心满意足的状态，满足感都是一种深度满足的体验，这种时候你会说："啊……真好吃/干得真不错/买得真值!"你怀有一个愿望或期望,而且意识到自己如愿以偿了,为此满心欢喜。因此,要找到这种满足感,你需要知道自己在寻找什么。就食物或其他短暂的愉悦而言,满足感很容易体会;但若要拥有更宽广意义上的满足感,若要拥有充实满足的人生,你就需要有目的性、有对美好生活的梦想。

然而,对许多人来说,长大意味着渐渐放弃梦想,或者看着梦想在严酷的环境和复杂的人际关系面前渐渐凋零。对许多人来说,债务是伟大梦想的破坏者,无论接受教育、成家立业,还是举办婚礼,它会站在将来每一个梦想的门口,抱着双臂说:"付钱吧!不然就不许再往前走。"有些人把债务视为成人生活的一部分,满不在乎地负重前行,并不完全清楚其后果会是什么。无论是为了还债、付账,还是由于运气不佳、选择不当或者自身缺乏安全感,如果你已经把梦想献到了万能金钱的祭坛上,那你需要收回它们,因为它们是这趟旅程的燃料。

你是否曾梦想写一本传世之作,如今却在写营销文案挣钱?那本书仍在你心中挥之不去。你是否曾梦想成为一名治疗师,如今却在一家健康维护组织(HMO)工作,接连不断地每15分钟接待一个预约病人?那个无私奉献的梦想仍在你心中。重拾梦想可能需要你做出彻底的改变,它并没有消失。你是否曾在信仰的激励下立志要激励他人追随上帝,如今却把大部分时间用于教堂会众政治和筹款?那个梦想并没有消失,只是被延迟实现。在你梦想的生活和你拥有的生活之间发生了什么,它是否削弱了你重新怀有远大梦想的勇气?纷繁琐碎的日常工作是否已慢慢使你的视野缩小,看不到未来?有没有人对你说过"别担心,这些梦想迟早会无影无踪",就好像梦想纯属儿戏一样？这是我们想要的"长大"吗？

我们不能听任自己的人生像兰斯顿·休斯在其著名诗作《哈莱姆》中所写的那样"梦难圆"。是时候回应梦想的召唤了，即便你仍然需要把食物端上桌、仍然需要还清债务。重新有梦并不意味着免除我们应负的财务责任，它是指重拾梦想来为这趟旅程提供动力。

无论你身在何处，现在就花点时间来回顾一下你的梦想吧！还记不记得，在有人谆谆教诲你长大成人、强行把圆枘塞进方凿之前，你想要的是什么？请用以下问题来触动记忆、激发思考：

· 你曾经想在长大后做什么？

· 你一直想做却还没做的事情是什么？

· 你这辈子做过什么让你真正引以为豪的事？

· 如果你知道自己将在一年后死去，你会如何度过这一年？

· 什么让你最有满足感，那跟钱有什么关系？

· 如果你不必为了生计而工作，你会如何安排自己的时间？

这些问题发人深省。你以前也许想到过这其中一些问题，但不曾在当前现实与理念抱负之间搭建起桥梁。本计划就是你的桥梁，所以没有遥不可及的梦想。慢慢来，别着急，翻翻日记，仔细回想。对同一个问题反复思考直到穷尽所有答案，然后再思考下一个。跟朋友们谈一谈，邀请他们和你一起回想。经常重温你的答案，看看有什么变化。

大学毕业后的几年时间里，格兰特·萨巴蒂耶尔跟父母住在一起，是典型的"啃老"千禧一代。有一天他发现自己的钱还不够买一张玉米煎饼，内心警铃大作，当即决定在 30 岁之前要赚到 100 万美元。他说，他当时需要做的第一件事就是把心态转变为注重储蓄，首先就是要自己支付各种费用。他给自己微薄的银行存款余额截了张图，确立了 5 年内拥有 100 万美元资产的目标，然后立即着手自学。

他现在是一位成功的理财博主（"千禧一代理财"）兼数字策略顾问。他提出通往财富的六个步骤，包括兼职、股市投资、生活方式转变和每日储蓄目标等。

他实现了目标，在总资产超过 100 万美元时又截了张图，然后意识到他的梦想其实远不止 100 万美元，尽管那个数字曾经给予他强大的动力。作为芝加哥大学哲学专业的毕业生，他知道人生是要追寻一些重大问题的答案的。什么是同理心、满足感、幸福、和平？他觉得，财务自由（FI）给了他机会去思考、写作和谈论这些根本性问题，并遵循自己给出的答案行事。

艾米和吉姆通过理财杂志《守财通讯》（*The Tightwad Gazette*）激励了上一代人向节俭的转变，他们的梦想很简单，他们想在乡下的一个大农舍里养活一家人。结婚的时候，两个人总共已工作了 20 多年（吉姆是海军，艾米是平面设计师），却只有 1500 美元的积蓄。他们认为家庭和社区比每日快节奏的工作时光更重要，于是决定只靠一份收入——吉姆从海军部队领取的薪水来养育子女、实现梦想。

为了实现梦想，他们用尽了从勤俭节约的父母那里学来的一切俭省招数，并想出了一些新的省钱办法。两个人都从来没有穷困惑。他们凭借创造力克服了这个挑战，两个人的感情因共同目标而日久弥深。7年间，他们有了4个孩子，为缅因州的一幢农舍攒够了首付款，还清了所有债务，并买了新车、家具和家电。两年后，艾米决定让她的平面设计技能发挥作用，她创建了一个论坛供大家交流节俭的点子。1990年6月，她的《守财通讯》创刊号发行，这份杂志总共8页，都是教人如何靠小钱过上好日子的实用信息。一年后，他们生下一对双胞胎，但仍然能够量入为出。他们的故事证明：在乡下拥有一幢房子、足不出户地养家糊口之类普普通通的梦想真的是可以实现的。

韦斯热爱大自然，既喜欢置身于大自然，也热衷于保护大自然。对他来说，财务自由计划可以让他去做自己一直想做的事情：促进人类了解并尊重自然界，而且是把它当作全职工作。他正努力使生活中尽可能多的组成部分与这个梦想保持一致。他的有偿职业是负责测量空气质量的化学师。他搬到了走路就能去上班的地方居住，这样能避免造成空气污染，也就是他要测量的东西。休假时，他划着单人划子穿越尚未遭受破坏的荒野区。周末，他教人划单人划子，帮助他人以敬畏的态度安全地体验大自然。他用"可支配收入"攒下积蓄，并支持大型环保组织。他的人生罗盘是自然界，生活的方方面面都指向那个方向。

凯西和兰登的梦想不仅仅是为了他们自己，还谋求使世界变得更美好，尽管他们知道这听起来很老套。兰登是医生，在一家流动工人诊所当医务主任。凯西曾是一名教师，积极参与了多个非营利性组织的项目，同时悉心照顾家庭。他们热爱自己的生活，但也期盼着空巢的一天能自由自在地生活。本财务计划让他们得以在卸下全职父母重担的同时退出有偿就业。他们搬到一个小镇，买了一块土地，以此为中心建立了一个生态村，这个有意形成的社区致力于在尽可能多的层面实现永续性。它起初是一个只有两个人的村庄，但随着时间的推移，其他人加入进来，建造自己的独特小屋，大家共同建设了丰富多彩的社区生活。性格外向、精力充沛的兰登一度成为镇长，凯西则迷上了绘画。

你有什么梦想？在本财务计划的第四步，你将设法使收入和支出与价值观、志向、目标和幸福相符，从而实现你的梦想。它将使"求死"变成"谋生"！

第四步：思考能改变你一生的三个问题

在这个步骤中，你要针对每个子类里花掉的总金额提出三个问题来评估自己的支出情况：

1. 我得到的充实感、满足感和价值与所消耗的生命能量相称吗？
2. 这种生命能量消耗与我的价值观念和人生目标一致吗？
3. 如果我不必为了钱而工作，这项开销会有什么变化？

这其中的每一个问题都指向你梦想的某个侧面。第一个问题是要看你的支出是否带给你在践行梦想时会感受到的那种幸福快乐。第二个问题是要看这项支出是否在让你朝着梦想的方向前进。第三个问题是要你设想一下，如果你不再必须挣钱来维持自己的生活方式，这项支出会发生怎样的变化。

为了执行这个步骤，请返回你的月度表（参见表 3-1），注意一下你在开支旁边留出的三个空白列。你对这三个问题的答案就将写在那里。你已经把美元数转换成了生命能量小时数，现在就可以看看你想如何花用这一珍贵商品了。针对月度表上的每个支出子类想一想这三个问题，以此为基础来评估自己的花钱方式。

问题 1：我得到的充实感、满足感和价值与所消耗的生命能量相称吗？

这个问题可让你评估自己的开销。带着这个问题考查一下每个子类。如果这项生命能量开销带给你很大的满足感，以至于你想增加这个子类的支出，那就在第一个方框里填一个 +（或者上箭头↑）；如果它带给你的满足感很少或根本没有，那就在方框里填一个 –（或者下箭头↓）；如果这笔开支感觉还行，那就在方框里填一个 0。

这个简单的练习将证明，在哪些方面，你的支出是不假思索的甚至是成瘾的，你的生命能量朝着那个方向流动，满足感却背道而驰。你还可能会发现自己的"购物弱点"，也就是你的逢见必买之物。刚开始，你也许会恼火地为自己逢见必买的习惯申辩。"我喜欢拥有很多鞋子。每一双的用途都不一样。反正花的是我自己的钱。""我喜欢书，所以每天在回家的路上顺便逛逛书店怎么啦？不读又怎么啦？我总有一天会读的。""我喜欢缝被子，所以，即使现在不缝，先收集些布料怎么啦？好吧好吧，我的确已经 10 年没缝过被子了，可是……布料的种类是永远不嫌多的。""即使我……那又怎么啦？"我们一而再、再而三地为我们逢见必买的购物习惯申辩，但没有人想夺走你的逢见必买之物，事实上，根本没有人听你申辩，因为这个练习是在你独处时完成的，要求你诚实对待。随着时间的推移，一旦你看清为了奖励自己又购入一件逢见必买之物要耗费多少小时的生命之后，它恐怕就不再是一件珍宝，而更像是一个安慰奖。

另一方面，你也许会发现自己在能给予你强烈满足感的类别上过于吝啬。请务必标出这些给你带来最强满足感的方面，在你实际过于俭省的栏目里填入 +（或者上箭头↑）。

进行这种评估的诀窍是要客观，不为某些开销太高或太低而给自己找理由，也不因在某个类别上花费太多而谴责自己。"不羞愧，不责怪"是一定要铭记在心的关键词。伴侣之间还可以在这个步骤过程中平静客观地讨论彼此开支习惯的差异，这一点很有意义。

> 玛莎和泰德发现，这个问题让他们可以心平气和地评估彼此的开支模式而不会各自辩解、彼此对立。玛莎不会直接质疑泰德的某项花费，而是会冷静地问他是否真的从中获得与他所耗费生命能量相称的充实感、满足感和价值。他们发现，他们能够更具同情心地观察甚至评论对方的逢见必买之物。讨论财务上的抉择而不争吵对他们来说非常宝贵，实际上促进了他们的婚姻美满。

低级兴奋与深层兴奋

一个热爱简朴生活的祖父曾试图把他的价值观念灌输给小孙子。有一天，男孩激动地宣布他有一个全新的发现。

"爷爷，我知道什么是幸福了。"

"是什么呢？"老人问道，以为自己肯定会听到一番值得分享的箴言。

"就是你在刚买了点东西之后会有的那种感觉。"

低级兴奋就像你在买了点东西时心中产生的小小涟漪，它是弹球机发出的叮当声。这种幸福感很少会持续下去，它只能维持从收银机到汽车的距离。

当你超乎预期地实现了梦想时，你就会感到更深层次的兴奋。

"这是人生的真正愉悦，"萧伯纳在《凡人与超人》（*Man and Superman*）的序言中写道，"生命被用来实现你自认为崇高非凡的目标；生命在你撒手人寰之前损耗殆尽；生命是大自然的一股力量，不是一个终日抱怨世界不肯给予你快乐的自私自利的小小肉体。"[1]

低级兴奋来自外在奖励，深层兴奋则来自"生命被用来达到你自认为崇高非凡的目的"。低级兴奋是短暂的，深度兴奋则能持久。你的满足感是内在衡量深度兴奋的标尺。

制订满足感的内在衡量标准

制订这个内在衡量标准的主要工具是认识。回答问题 1 有助于你给满足感制订一个内在衡量标准，并在这个过程中戒掉一切不健康的消费习惯。

我们大多数人使用外在衡量标准对充实感与满足感进行评判，衡量的方式是：

- 取悦他人
- 拿到 A
- 向至今仍萦绕在我们脑海里的那个三年级恶棍证明自己
- 击败竞争对手
- 跻身你所崇拜的随便什么十强
- 得第一
- 没得第一但捧回奖杯
- 在恋爱或销售方面大获成功

这些都是充实感与满足感的外在标准。你还可以从别的地方探询自己的表现如何——母亲或伴侣眼中的光芒、选票统计数字、畅销书名单。

然而，这种感觉并不是真正的满足感，暂时性胜利带给你的振奋与实现梦想带给你的长期满足感是有区别的。可以肯定，如果你认为你的梦想就是在考试中拿到 A 或者打败对手，那么你就会毕生追求外在的奖励。

足够——最深层次的兴奋

我们周遭的富足被称为"美国梦"，这是有充分理由的：我们一直在梦中。我们通过质疑这个梦而清醒。通过一个月又一个月地扪心自问是否确实获得了与你在每个子类里所消耗生命能量相称的充实感与满足感，你会因此而觉醒。

你逐渐能区分短暂的幻觉与真正的充实满足。请回想一下第一章里的满足感曲线，到了那个"足够"点，欲望就降低了，因为它们都已经完全得到满足。少一分则嫌不足，多一分则又太过。一餐饭让人感到满足是指它色香味俱全，而且你的食欲得到满足却没有丝毫吃撑的不适感。同样地，一辆车让人感到满足是指它正好符合你的交通出行需求，外观赏心悦目，你会乐于开着它行驶数千公里，它既无损于你的钱包也无损于你的价值观，而且只要保养得当就会开起来又平稳又顺畅。（当然，除非购买和驾驶一辆耗油量很大的 1957 年经典大尾翼改装车是你的一生梦想——那样的话你为了它而不得不工作的每一个小时都是值得的。）你的内在衡量标准拒绝以任何肤浅的欲望（打动他人或缓解无聊）为充分理由来更换座驾，那会给自己的"求死"职场生活再增添三年工作时间。

要弄清你使用的是不是内在而非外在衡量标准，这里有一个检验尺度：购得之物或购买体验让你感到满意、满足、平静。你不再渴望自己刚吃过的东西，因为你挠痒痒找对了地方、用对了方法。

财务诚信

拥有充实与满足的内在衡量标准其实是我们所说的财务诚信的一个组成部分。你学会在进行财务抉择时不受广告和业界的说法影响，那都是他们认定对其生意有好处的观点。你不会屈辱地受人操控，把生命能量花在并不能给你带来幸福快乐的事情上。我们会在第七章里讲到尼娜的故事，她说，在进行这个评估之前，她对自己钱包里的钱感到无能为力。"我走进一家商店，钱就从钱包里飞走了。不是字面意义上，但就是那种感觉。我阻止不了。"对下意识的消费"断然说不"是财务自由的一种形式。一个月又一个月，或纯粹按照直觉，或经过认真仔细的思索，填写上下箭头和零，你将渐渐积累起"适可而止"的财务力量。有时，你会看见旧的积习悄悄抬头，你会对自己感到恼火并萌生放弃的念头。这时候"不羞愧，不责怪"就能派上用场了。

问题2：这种生命能量消耗与我的价值观念和人生目标一致吗？

这个问题富有启发性，它给了你一个具体的方式来检讨你是否在实践自己所宣扬的东西。跟处理第一个问题一样，针对每个支出子类问一问："这种生命能量消耗与我的价值观念和人生目标一致吗？"如果答案是坚定的"是"，请在这一排的第二个空方框里填入一个 +（或者上箭头↑）；如果是"否"就填入一个 –（或者下箭头↓）；如果尚可就填0。

艾米和吉姆之类的人在执行财务计划时有着一套明确的价值观和强烈的目的性。韦斯以及凯西和兰登也是如此。根据问题2对其财务抉择进行衡量帮助他们使自己的财务规划与梦想保持一致。另一方面，许多本来过着富裕生活的人正饱受理想信念匮乏之苦。感到迷惘和困惑的人当中有很多是财富继承人，他们财务状况优越，却没有前进方向。还有许多已经实现了美国梦的普通人也在困惑：人生除此之外就没别的了吗？

你呢？你的价值观念和人生目标清晰吗？还是被似乎不适合自己的生活方式控制而模糊不清？

第一部分：什么是价值观？

价值观就是我们所在乎的那些原则和品质。真理是一种原则，诚实是我们坚守真理的一种品质。践行自己的价值观会让我们内心平静，不践行则会让我们良心不安。若我们搞不清楚是怎么回事，那还会使负责指引方向的心灵陀螺仪失灵。价值观就像由是非意识构成的伦理道德 DNA，它主导着我们的种种抉择。所以，我们的价值观反映了我们的信仰。但由于我们的所作所为反映了我们的真正动机，我们的价值观就会在行为中揭示出来。（家长有时会回避这个事实，他们会说："照我说的做，别学我的样！"）当我们决定为孩子提供食物、住所和衣物时，我们做出这种抉择是基于价值观念——当个好家长，表达自然流露的爱意。无论我们是到公园散步，还是回办公室，做出的抉择都是基于价值观念。你会说："可我必须去办公室！那跟价值观没关系，纯粹是出于必要！"然而你是因为看重薪水，所以决定去完成手头的工作。或者是你看重对家人的责任，或者是你看重老板的赞许。我们的行为是自身价值观的具体体现。消耗时间和金钱的方式能清楚地说明我们是谁、我们主张什么。

本书探讨了我们价值观的一个主要社会表现：我们在生活中如何对待金钱。看看你的月度表，就价值观而言，花在外出就餐上面的 250 美元（或者说是按照第二章例子里算出的 10 美元时薪换算成的 25 小时生命能量）揭示了什么？它可以说明的东西很多：你重视方便，你喜欢美食，或者你想和朋友们聚一聚。捐给慈善机构的那 12 小时呢？话费账单的那 15 小时呢？

你也许会发现，你对这其中的许多开销感到欣慰，对有些开销你也许会质疑。在外出就餐方面消耗 25 小时的生命能量也许看起来并无不妥，然而一旦你意识到自己这个月只花了 8 小时陪孩子，或者意识到你口口声声热爱艺术，在音乐会和博物馆花的时间却远远少于花在外出就餐上的时间，你也许就会心生不安了。对许多人来说，开销所体现出来的价值观并不是他们真正想要践行的价值观。某些类别的总额也许揭示了一个事实，习惯、同辈压力甚至无聊已经将你打倒。

回到本章一开始提出的问题。如果你不必为了生计而工作，你会如何处置自己的时间？你用生命做了哪些让自己真正感到自豪的事？假如你知道自己的生命只剩一年，你会怎样度过接下来这一年？关于你真正看重的东西，对这些问题的回答会耐人寻味。

你的月度表就像一面镜子。随着你一个月又一个月自问："这项开销与我的价值观一致吗？"你会发现，你对自己的认识越来越深入。仅仅是通过对这个问题的问与答，你就会做出或大或小的改变，这些改变会使你一步步接近财务诚信，也就是财务生活的方方面面都与实际价值观念相符的状态。

塞缪尔拥有传统意义上的美好生活标配，但他感到愤怒和沮丧，因为现行体制让他以为如果有了该有的东西（即房子、车子、工作等）就会感到满足，但他并没有感到满足。随着他进行月度评估，问题变得很明显。他认识到，他的最大愿望是为解决世界上的一些难题做出点贡献，而不是成为光鲜体面却处于混沌状态的千万人之一。他离开教育系统办了一家私人咨询公司，这样做有风险，且收入减少。最后，他跟一个志同道合的人结为伙伴，举办培训班和讲习会，帮人了解他们的价值观念和个人价值，了解他们对自己和广大社区负有的责任。现在他表里如一，他终于快乐了。

第二部分：什么是目标？

这个问题的第二部分要求你根据"人生目标"来评估自己的开销。人生目标是指体现了我们的价值观和梦想的那个首要目的。但那到底是什么意思？目标必然包含方向和时间——现在有所作为以便今后拥有自己珍视的东西。它是指你有一个坚定不移的意图，要做一些对自己、对整个世界有意义的事情。对有些人（比如艾米和吉姆）来说，从事他们喜欢的工作、组成一个充满爱的家庭就是他们的目标所在。对另外有些人来说，目标感也许飘忽不定，有点模糊不清——他们的行为并不能反映他们的最深层愿望。有些人一觉醒来发现生活漫无目的，只能年复一年地寻找目标来赋予生活意义。还有些人（比如韦斯）似乎从出生的那一刻起就认准了人生目标。这个叫作人生目标的东西到底是什么呢？

目标可能会跟目的一样直截了当（我做这个是为了得到那个）。如果有人问你"为什么要做你手头正在做的事"——也就是提问动机，你的回答会揭示你的目标，它可能会是你对生活中发生的事情赋予的更深层意义（我从事这份工作的真正目标就是找到我的意中人）。

然而，"人生目标"的含义超出"理由"范畴。它不仅仅是达到一个目的或者获得渴望已久的财物。它是指你心甘情愿地献出生命能量，去追求你认为比微不足道的个体生存更重要的东西。它是你做出的承诺。它跟你的名字、你的身体、你迄今为止的经历一样必定会成为你的身份特性，甚至可能会变得比生命本身更重要。

在下面关于三个石匠的故事中，你可以看到这些不同的目标——目的、意义、奉献。三个石匠都在雕凿一大块石料。一名路人走到第一个石匠身旁问道："打扰一下，你在做什么？"石匠生硬地回答："你看不出来吗？我在凿这块大石头。"好奇的路人走到第二个石匠身旁，提出了同样的问题。这个石匠抬起头，带着几分自豪、几分无奈的神情说："嗨，我在挣钱养活老婆孩子。"路人又走向第三个石匠，问他："你在做什么？"第三个石匠抬起头，神采奕奕，充满敬意地说："我在盖大教堂！"（献身于更为崇高的目标。）

我们如何找到人生目标？

乔安娜·梅西是一位教育工作者、生态学家兼作家，她建议朝着三个方向寻找自己的人生目标。[2]

1. 利用你的热忱，投身于你深切关心的项目。你在停止追梦之前的梦想是什么？你即使不领取薪水也愿意做的工作是什么？你要寻找的不是保险杠贴纸上标榜的那些肤浅偏好，比如"我想去冲浪"。你要寻找的是你愿意为之献出生命的东西，不是你用来逃避生活的东西。

2. 利用你的痛苦，安抚与你同病相怜的人。你有没有"因为经历过而能体会"的那种感觉——悲痛、哀伤、绝望、饥饿、恐惧？你能向别人传授自己从亲身体验中得出的看法并给予同情吗？世界上有没有一种苦难让你感到有责任采取行动？如果你的痛苦之深让你失去了帮助别人的能力，那现在就是向痛苦深渊里的人伸出援手的最佳时机。它有疗伤功效。

3. 利用身边小事，抓住每天都会出现的机会回应他人的简单需求。找到人生目标往往等同于发现能让你像特蕾莎修女一样圣洁的完美工作或服务项目。这里建议你从身边小事做起是在提醒你：在互联互通的世界上，一切服务举动都会有利于整体的善好。记住"独木不成林"，记住所谓壮举都要由一系列用满腔激情与大爱促成的小举动构成，这样一来，只要去做你认为需要做的事情——给生病的邻居送份晚餐、帮助一个孩子学会阅读、给当地报纸的编辑写封信、为所在城市的无家可归者争取权益，你就会经常体验到人生有值得追求的目标。

热忱、痛苦、身边小事——通过这些你会找到超越了物质追求的人生目标。

衡量我们追寻目标的进度

现在花几分钟时间写下你的人生目标。它也许跟你目前如何消耗自己的时间无关，它在其他人看来也许重要，也许不重要，它甚至有可能在你的脑海中还不明朗。尽力而为就好。用这个明确陈述的目标来衡量你的行为。如果随着时间的推移你发觉自己的目标在变化，那没关系，只需写下当前人生目标对你来说意味着什么，并用这个新的目标声明作为衡量尺度。

无论你如何定义自己的目标，你都需要有一个办法来衡量结果，需要有一些反馈来评判自己是否走在正轨上。通常我们会用物质上的成功或者业界和社会的认可来衡量我们在实现目标方面的成效如何。衡量你是否在践行人生目标还有另一个办法，它是超越物质成就、奖励和外界认可的办法，那就是回答问题2："这种生命能量消耗与我的价值观念和人生目标一致吗？"每个月针对每个类别忠实地回答这个问题将促使你逐渐认清自己的价值观，让生活与既定目标保持一致并进一步确定人生的真正目标。

《活出生命的意义》（*Man's Search for Meaning*）一书作者、纳粹死亡集中营幸存者维克多·弗兰克尔指出，除了智力和心理以外，还有一个因素使一些人得以在不人道的环境中保持人性。他认定，这个因素就是意义。他说，让人生有意义、有目标的意志凌驾于拥有权力的意志和追求愉悦的意志之上。他指出："生而为人意味着与自身以外的事或人产生联系并与之校准。"[3]表4-1里的问卷就是基于弗兰克的深入研究而制作，完成这份问卷会有助于你自己追寻人生的意义。[4]

对于以下每种说法，圈出最符合你自身情况的数字。注意，数字都是从一个感受极端到另一个极端的。"不确定"表示两种情况都不符合，请尽量不选这个等级。

把你圈出的数字相加，算出总分。如果得分在92以下，那你的人生可能缺乏意义和目标；如果在92分到112分之间，说明你对人生目标感到犹豫不决或模糊不清；如果得分超过112分，说明你有明确的目标。你的成绩如何？记住，自问"这笔开销与我的目标一致吗？"能够帮助你与目标建立联系。

表4-1 人生目标测试

1. 我总是：
非常无聊 1　2　3　4(不确定)　5　6　7 兴高采烈

2. 生活在我看来：
总是令人兴奋 7　6　5　4(不确定)　3　2　1 一成不变

3. 我在生活中：
漫无目的 1　2　3　4(不确定)　5　6　7 目标很明确

4. 我的个人存在：
毫无意义，没有目标 1　2　3　4(不确定)　5　6　7 非常有目标，有意义

5. 每一天：
都是崭新的 7　6　5　4(不确定)　3　2　1 都一模一样

6. 假如可以选择，我会：
宁愿没出生 1　2　3　4(不确定)　5　6　7 希望再多九条命

7. 退休后，我会：
做一些我一直想做的刺激事 7　6　5　4(不确定)　3　2　1 安享晚年

8. 在达到目的的方面，我：
没有任何进展 1　2　3　4(不确定)　5　6　7 逐步圆满完成

9. 我的生活：	空虚，完全弥漫着绝望	1	2	3	4（不确定）	5	6	7	不断有令人兴奋的好事
10. 假如今天就死去，我会觉得这一生：	非常值得	7	6	5	4（不确定）	3	2	1	毫无价值
11. 在思考人生时，我：	常常不明白自己为什么存在	1	2	3	4（不确定）	5	6	7	总是能看到自己活着的理由
12. 从我的人生角度审视世界，这个世界：	完全让我困惑	1	2	3	4（不确定）	5	6	7	让我的人生如鱼得水
13. 我是一个：	很不负责任的人	7	6	5	4（不确定）	3	2	1	很负责任的人
14. 关于人的抉择自由，我认为人：	可以绝对自由地做出一切人生抉择	7	6	5	4（不确定）	3	2	1	完全受遗传和环境限制约束
15. 关于死亡，我：	有准备，不畏惧	7	6	5	4（不确定）	3	2	1	毫无准备，害怕

（续表）

		7	6	5	4	3	2	1	
16. 关于自杀，我：	1 认真地想过以此来解脱	7	6	5	4（不确定）	3	2	1	从没想过
17. 我认为自己发掘人生意义、目标和使命的能力：	7 很强	7	6	5	4（不确定）	3	2	1	几近于无
18. 我的人生：	7 由我掌握、受我控制	7	6	5	4（不确定）	3	2	1	不由我掌握、受外部因素控制
19. 面对我每天要完成的任务，是一种：	7 愉悦与满足的源泉	7	6	5	4（不确定）	3	2	1	既痛苦又无聊的体验
20. 我已经发现：	1 人生无使命、无目标	2	3	4（不确定）	5	6	7		明确目的和让人满意的人生目标

你的月度表会把你的消费模式投射到你对意义的追求上。要想回归诚信（使行为与价值观一致），你要么调整支出，要么调整目标。

问题3：如果我不必为了钱而工作，这项开销会有什么变化？

到目前为止，我们已经看清自己买的东西在多大程度上让我们感到满足并与我们的价值观一致。问题3则评估职业给你带来的花费，更加清晰地将生活与工作分开予以关注。问问自己："如果我不必为了钱而工作，哪些开支会减少或彻底消失？"如果你认为某项开支会减少，就在这个开支类别旁边的第三列空白框中标记一个 −（或者下箭头↓）；如果你认为它会增加就标记一个 +（或者上箭头↑）；如果你认为它大概会保持不变则标记0。如果你能估计出一个大约的美元数字，那就在月度表上单写一列。

这个问题开启了这样一种生活方式的可能性：你无须一周又一周地去上班。如果你不用为了钱而每周工作40小时以上，你的生活会是什么样子？哪些开支会消失？如果你不必为了钱而工作，你会买更多衣服吗？还是会少买点衣服？会用掉更多汽油吗？还是会少用些汽油？还是会干脆把车卖了？会搬到离商业中心更远但便宜一些的房子住吗？你的医药费会更高还是更低（保费也许会上升但生病会减少）？你还会在周末住到酒店去休假吗？你的旅行开支会上升还是下降？你是不是不会再用全新的逢见必买之物来犒劳自己工作的辛苦？你现在有哪些花费纯粹是为了补偿自己用醒着时的大部分时间从事工作？

你可能无法精确地知道如果你不必为了钱而工作的话会怎样，

你甚至不必想除了当前职业以外的任何事情。你只需要针对每个支出类别问一问：如果我不必上班"谋生"，这个类别的支出会有什么变化？记住：不羞愧，不责怪。问出这个问题并不违背你的从业承诺。思考你如果做其他事情的话会如何花钱，并不表明你对老板不忠诚或对工作不满意。如果你热爱自己的职业，那么，每月问问这个问题只会提升你的工作满意度，因为你会越发确信自己是心甘情愿做这份工作的。

通过问题3，你也许会发现自己得出了一个令人瞠目结舌的结论。如果你不把大部分时间花在挣钱上面，生活花费可能会大大减少！由于你的日日夜夜都被工作消耗，你需要钱来处理生活的其他各个方面——从日托到房屋维修，从娱乐到找人倾诉。你会发现，"财务自由"包含的一个内容就是"不需要用钱来满足需要"，这与对"财务自由"的误解正相反，误解就是：所谓"财务自由"就是有足够多的钱雇人为我打理一切事情。

评价这三个问题

现在看看你的表格，查找所有－标记（或者下箭头↓）。注意哪些子类没有达到问题1的标准——没有获得与所消耗的生命能量相称的满足感。哪些不符合问题2的标准——这笔开销与你的价值观和生活目标不一致。哪些是你如果不必拼命工作"求死"就会有很大改变的开支。你能看出什么消费模式吗？你对自己有了哪些了解？不要惩罚自己，也不要决心"下个月做得更好"。（记住，这不是预算！）只需利用这些信息和你的领悟来帮助厘清你的价值观。记住：不羞愧，不责怪。

第四步真的是本计划的核心。假如你的人生目标或内在衡量标准不是很清晰，别担心。对有些人来说，本计划就是他们界定自己的价值观和人生目标的过程。要坚信，通过月复一月、年复一年地提出和回答这三个问题，你对满足感和目标的理解会变得清晰而深刻。本计划的各个步骤是相辅相成的，互为基础又彼此强化。所以，你只需放松心情按步骤去做，所有步骤，完完整整。记住：不羞愧，不责怪。

这不过是一个信息收集的过程。它是让你改头换面的第一步。当你把一切无意识的、成瘾性的消费模式付诸诚实的评价和清晰的数字表达，它们就会暴露出来，一览无余。重点不在于通过愧疚或自我批评来推动自己改变，重点在于调整你的开支直到对所有类别的评定都是零或减号。

关于执行第四步来优化你的收益，下面提醒几点。

趋向"足够"

在第一章，我们谈到了满足感曲线，谈到了曲线顶点那个叫作"足够"的有趣位置。你有足够的钱维持生存，有足够的钱享有舒适甚至一些特殊的奢侈，没有多余东西给你造成不必要的负担。"足够"是一个强大而自由的位置，一个自信而变通的位置，是你会在执行本计划的过程中用数字为自己界定的位置。通过自问这三个问题，你会根据经验来界定对你来说多少算"足够"。你会每个月问一次，但你可能会发现，每次考虑买东西的时候，它们都会在你的脑海里浮现。

我们的经验是，"足够"有四个组成部分、四个共同特质：

1. 可说明性。知道有多少钱进出你的生活，这是基本的财商。显然，如果你从来不知道自己有多少钱，也不知道它们的去向，那你拥有的就永远不会"足够"。

2. 满足感的内在衡量标准。我们在前面讲过，假如你的衡量标准是别人拥有什么或怎么想，你拥有的就永远不会"足够"。这就好比顺着下行扶梯往上爬。他人的意见是变幻莫测的，他人的东西是不断变化的，你刚拥有了自认为可与爱炫富的邻居实现平等的东西，时尚潮流又变成了简洁利落，邻居现在都成了极简主义者。自我意识是关键。

3. 比满足自身向往和欲望更高尚的人生目标，这是因为，如果每个欲望都成为必须满足的需求，那你拥有的就永远不会"足够"。比得到我们想要的东西更高尚的目标是什么？得到的反面是给予，这就是满足感的秘诀所在。越过了"足够"点之后，获得幸福快乐的途径是把我们以自身天赋和才能服务于他人的本能愿望表现出来。

4. 责任心，不仅仅为"我"而活。如果我们除了自己谁也不在乎，那我们不拥有全部是不会觉得"足够"的。因此，责任心既有利于他人，也有利于你自己，它会让你摆脱"更多就会更好"的永不停歇的跑步机。"责任心"一词拆分开就是"反应"和"能力"①。你从无视自身行为造成的涟漪变得有能力而且愿意对他人的需求做出反应。首先要承担起的责任

---

① "责任心"一词的英文是 responsibility，可拆分为 response（反应）和 ability（能力）。——译者注

是为自己。你要停止责怪，说出真相，使所作所为与你所宣称的价值观保持一致。你要给自己界定"足够"。最终，你在"不断扩大的圈子"里度过一生，正如阿尔伯特·爱因斯坦在1950年所说：

> 人是整体（我们称之为"宇宙"）的一部分，是在时间和空间上都有限的一个组成部分。在他的体验中，他自己、他的思想和感觉都有别于其他——有点像意识的光学错觉。这种错觉对我们来说犹如牢狱，把我们局限于个人欲望和对最亲近的几个人的感情。我们的任务是把自己从这座牢狱中解救出来，把我们的同情圈子扩大到包含地球上所有生物的范围、包含整个美丽的大自然。

巴克敏斯特·富勒是20世纪另一位有关可能世界①的梦想家，他也有类似的见解。有人把他奉为在永续发展问题上近乎圣人的人物，然而在他20多岁的时候，由于女儿夭折和生意失败，他觉得自己一无是处，考虑一死了之。在那个极度痛苦的时刻，他顿悟了。他的生命不属于他，而属于这个世界。他把余生都用来为所有人寻找优化生活之道。他的游戏规则变成了"让世界通过自发的合作，在尽可能短的时间内，为100%的人类造福，不造成任何生态危害，不给任何人带来不利"[5]。最后，千千万万的人加入他的行列，把个人目标确立为建设一个造福所有人而无一人一物被遗漏的

---

① Possible world，这个概念用来在哲学和逻辑中表达模态断言。——译者注

世界。

假设就像富勒认定的那样，人人都享有"足够"——足够的食物、足够的能源、足够的资源。假设就像爱因斯坦告诉我们的那样，我们可以把共情圈子扩大到包含地球上所有生物的范围。没有哪两个生物的"足够"必须匹配，但每个人的足够感都必须得到满足。多么微妙的设计难题啊！如果我们大家都通过持之以恒地执行这些简单步骤达到个人的"足够"，然后把我们得到解放的生命能量用来服务他人，那是多么伟大的梦想啊！

如果这能引起你的兴趣，那就按照以下思路给你的评估拟定第四个问题：

假如每个人无论现在还是将来，都拥有他们需要的一切，从而过上理想生活，假如世界因此而公平公正且富有同情心，那么，这个类别的开销会是什么样的？

你也可以改变措辞进行阐述，可以简短地表述为——"如果人人都这么做的话会怎样？"这个问题指导你心怀爱因斯坦的"更宽广的共情圈子"的理念进行抉择。你绝不可能认识每个人，但你可以按照"待人如己"的方式进行想象。

看着自己的总计金额，你可以自问："如果人人都在餐馆吃饭、买二手衣服、在院子里种果树、买这个度假套餐、选这辆车作为日常通勤工具……那会怎样？"记住，不羞愧，不责怪，只需拓宽共情圈子。

有些人在思考这个责任问题时着重于环境：这对地球/气候/环境有好处吗？这些有关责任问题的表述方式未必与你对人生和未来的理解一致，但你可以改用别的说法。"耶稣会怎么做？"这个问题被许多基督徒用来帮助他们做出与伦理道德有关的决定。"科学界共识怎么说?"适用于不信教的人。有些人可能会在沉默中或在大自然中找到答案。你不妨称之为有关"财务依存"的问题。

这第四个问题对于改变你与金钱的关系是必要的吗?不是。然而,遵照执行本计划中的步骤、进行追踪记录和制作月度表、自问上述三个问题会变得简简单单、习以为常,你也许会不由自主地猜想如果每个人都这么做的话会发生什么。如果是这样,你就达到了我和乔在 1990 年达到的境界,正是那种境界促使我们写了这本书。

第四步提要

1. 针对月度表上每个开支子类提出问题 1:"我得到与所消耗的生命能量相称的充实感、满足感与价值了吗?"用 +(或者上箭头 ↑)、−(或者下箭头 ↓)、0 来标记你的答案。

2. 针对月度表上每个开支子类提出问题 2:"这种生命能量消耗与我的价值观念和人生目标一致吗?"用 +(或者上箭头 ↑)、−(或者下箭头 ↓)、0 来标记你的答案。

3. 针对月度表上每个支出子类提出问题 3:"如果我不必为了钱而工作,这项开销会有什么变化?"用 +(或者上箭头 ↑)、−(或者下箭头 ↓)、0 来标记你的答案,并在月度表上写下大约变化金额。

4. 浏览一下,列出所有带 − 号(或者下箭头 ↓)的类别清单。

"金钱观" 讨论

你的梦想、价值观、记忆和故事能引发趣味无穷的交谈。如果从别人那里听到你喜欢的梦想或目标，不妨据为己有！携起手来，我们可以共同展望一个真正美好生活的诱人愿景。

利用后记里关于如何开展"金钱观"的讨论的建议，日常与伴侣或朋友闲谈时不妨提出以下问题。记住，无论哪个问题，在末尾加上一句"为什么"会让它更有深度。无论哪个问题，补充一句"我给出的答案对社会有何影响"会让它更有广度。答案无所谓对错。

· 你曾经想在长大后做什么？现在实现了吗？

· 你想趁活着的时候做的事情，也就是"愿望清单"都有哪些？

· 你发自内心和灵魂的召唤是什么？

· 说说你最幸福快乐的一段记忆，是什么让你感到幸福快乐？

· 有什么出人意料、突然发生的事情显得犹如美梦成真？

· 你想送给孩子/亲人哪些能用钱买到的东西？

第五章

一张挂图助你实现财务自由

第五步： 让生命能量清晰可见

在第五步中，你要让前面几个步骤的结果清晰可见，把它们标绘在一张图表上，让你一眼就能清清楚楚地看到自己现在以及最近一段时间里的财务状况，还有你与金钱、生命能量关系的转变。

对开支情况进行追踪记录和评估的第一个月富有揭示性，你将意识到有多少钱毫无理由地挣脱了你的财务管束。直面自己为什么以及如何一步步滑向债务深渊的现实也许会让你感到非常难受，致使你忍不住想要停下来。你可以心想："是个不错的小练习，让我洞悉了真正需要的一切。"

假如你再坚持追踪记录一个月，你也许会发现自己的支出大幅减少。一点点的自觉就会有很大作用。如果你有所顾虑，不用担心别人在盯着你。秉持"不羞愧，不责怪"的原则继续前进吧。

第三个月可能又有巨大变化，或好或坏的变化。你也许会攒下更多的钱。你也许会偷懒，因为在第二个月就证明了自己可以偷懒。不管你在醒目的真相面前是给自己加油鼓劲还是闭上眼睛假装看不见，坚持下去恐怕都需要一些意志力。

你如何激励自己继续前进？

凡是经历过行为变化的人都知道它有三个关键点：

1. 让它成为一个习惯，而不是选择。不管愿不愿意，你都要去做。你有一套规矩，你要遵循这套规矩，让它成为你日常生活中的例行公事，就跟刷牙一样。

2. 向他人做出说明。向一个或多个人承诺，你将记下每一笔开销，并用＋（或者上箭头↑）、－（或者下箭头↓）和0进行月度清算。你可以每月与问责伙伴见面，交流你的成果并讨论金钱观。你们可以每天互发短信或通电话。你可以把自己在追踪记录应用程序上的密码告诉问责伙伴，这样他（们）就可以随机对你进行检查，而你对他（们）也可以这样做。多管闲事会很有趣，也很有效。

3. 制图进行标记。核对每日待办事项清单，就像减肥时每天称一下体重并把数字贴在秤上那样，这会对你继续前进的承诺产生奇妙作用。在金钱的问题上也一样，追踪记录对于抑制挥霍冲动会产生奇妙作用。

在第五步中，你要制作一张图表，把收入和支出都填进去。你还要决定如何使用它来让它发挥更大的作用，我们会提出一些建议来强化这个表的作用，从而加快你迈向财务诚信的旅程。

请系好安全带，我们要启程了。

制作挂图

第五步需要建立一张收入和支出图表，它的尺寸要足够容纳3到5年的数据。这张图表要易于创建、易于维护、易于解释。你所需要的所有信息都已经在你的月度表上了。执行第五步不需要电脑，也不需要应用程序。你只管动手去做就行了！如果你有应用程序、在线服务或会计程序用来管理你的钱，那里面会内置各种图表且随时更新，但第五步的第二部分是电脑无法替你做的。

若要手工制作，请到文具店或书店买一大张带方格的图纸（A1或A3大小）。买不到也别害怕，你可以随便找一大张纸自己画线。左边的纵轴代表金钱，你要在上面标出收入和支出，以美元为单位递增标记，从最底端的0开始，图表上部要留出充足的空间。尽管现在听起来有点离谱，但你一定记得要让图表上部有足够的空间来记录收入翻倍的情况。不止一位财务自由人士曾不好意思地向我们展示其图表，那上面拼接了额外的图纸，以便标记他想都未曾想过会达到的收入水平。设定刻度，让这个月的两个数字（收入或支出）中较大的那个位于刻度的大约中间的位置。下面的横轴代表时间，按月递增。这个轴线要能标记5～10年时间，那足以看出大趋势，也许足以见证你实现财务自由！对于喜欢使用电子技术的人来说，Excel或其他电子表格软件会很好用。如果运用得法，它会给你开启一个对财务状况进行分析的完整空间，但它未必能取代手绘图表所带来的震撼或满足感。

在每个月的月底，你把月度总收入和月度总支出的数字绘制出来。最好是收入用一种颜色，开支用另一种颜色。用一条线把每个点与上个月标出的点连起来。

这样就行了。第一个月执行这个步骤的时候，你就会对自己在金钱方面的习惯有一个非常深刻的印象。月复一月、年复一年地绘制收入和支出数字，会给你带来真正的领悟、真正的乐趣。给月度表拍下一张静态快照并添加动态的时间维度，形成一种挂图，从而生动地展现你朝着目标前进的动向和随着时间推移而逐渐取得的进步。你的图表还会鞭策你，不断坚定你继续前进的决心。

最初的起起落落

在记录数字的第一个月，你可能会面对大家共有的一个缺点：你的入账很可能低于出账，你也许会花的比挣的还多（毕竟，这就是很多人的特点）。看清这个现实也许令人震惊，你可能会想做出改变，而且是现在就改。你习惯了预算、节食和新年决心，于是对着一摞银行对账单和信用卡发誓下个月会改进。

这种时候人们往往会以过度的热情"捂紧钱包"。他们精打细算，尽量省钱。他们让自己和家人都节衣缩食，大家一起按定量吃豆子、米饭和燕麦片。他们每天盯着支出上限，下定决心要在短短一个月内把开支减半。令人惊讶的是，很多人都做到了。在填写第二个月的支出数字时，他们自豪地注意到了那数字的大幅下降。

然而，这种紧缩办法是不可持续的。到了第三个月，开支往往急剧反弹，弥补了第二个月的苦日子。

现在怎么办？按照旧的思维方式，你也许会情不自禁地再次背负起做预算的重任……或者决定放弃算了。但是，别灰心，还有一个更好的办法，它很管用。

伊莱恩是我们在第一章里提到的那个计算机程序员，她讨厌自己的职业，但找不到其他出路。她轻轻松松就画好了挂图，与数字打交道和追踪记录是她的本行。虽然她有很多"战利品"可证明其成就，但她的挂图看上去与其他许多怀有美国梦的人没什么不同：她的支出高于收入。

"我看到的情况让我大吃一惊。我没想到自己花的比挣的还多。但事实摆在那里：当月收入 4400 美元，支出 4770 美元。"她觉得受到了挑战。如果说多挣少花很难做到，那她就要明知不可为而为之。她决定尝试各种办法来减少开支。她不跟同事一起外出就餐（哪怕是点比较便宜的饭菜），从家里带午饭。整整一个月里，她不买新衣服，不到外面吃晚饭——毕竟，只是一个月而已，什么都可以忍受。瞧，到了第二个月，她的支出已经大大低于收入，她证明了自己能做到。

"我高兴坏了！接下来的一个月，我掉以轻心，又回到从前的购物习惯，把前一个月的大部分财务收益都抵消掉了。我的挂图看上去糟透了。"她意识到，她需要做的不是设法改变图表，而是改变自己。

那么，图 5-1 中，伊莱恩开支的变化是如何发生的？伊莱恩解释说，随着遵照执行本计划并注意到自己的成功，她的自尊感大增。她见证了自己能做到，于是把不满情绪转变成尽力做到最好的动力。这种精神彻底改变了她的工作体验——既让她自己吃惊，也让她的上司吃惊。

"不到 4 个月，我就还清了债务，开支降到了 1640 美元。不经意间，我每个月的食品杂货账单从 359 美元减至 203 美元。也许部分原因是我在工作时更快乐了，所以需要犒劳自己的时候少了。我只在真正想出去吃饭的时候才去，就这样，餐馆账单从 232 美元降到了 77 美元。我搬到离上班地点更近、租金更低的房子，所以汽油费减少了 60%。我的医疗费用也减半，原因很可能跟食品花费减少的原因一样。我更喜欢自己的职业了，没机会生病。这一切都没有让我觉得是在受苦。我并没有想方设法地减少开支，我甚至没觉得在刻意做什么，一切都是自然而然发生的。"

多年来，她花了成千上万美元参加旨在教人提升职业技能或工作效率的种种讲习会，但那些变化从未持续下去。那么，这次有什么不同呢？一个重要组成部分是挂图。这张挂图就像是对她一直以来的生活方式的一个挑战。它描绘出了她的消费习惯，形象地证明了她为什么会在月底捉襟见肘（参见图5-1）。

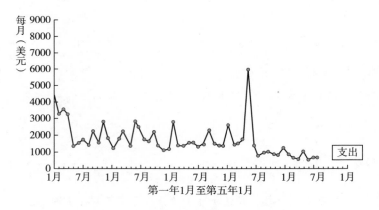

图5-1　伊莱恩的挂图（含支出）

这张挂图提醒我们，改变我们与金钱的关系不是灵光一闪发生的。你需要忠实地执行这些步骤，投入时间和耐心。不耐烦、自欺欺人和贪婪实际上是需要改变的一部分。我们需要时间来反思自己的人生，看看我们是否还想沿着当前方向前进。读完这本书可能只需要几天时间，但改变你与金钱的关系将随着时间的推移渐渐发生。观察自己对挂图的反应，不要为它感到烦恼，这样你就能清除那些导致你落到今天这个地步的态度和信念。

要使这个方法对你起作用，关键有两点：

1. 开始吧。
2. 不断前进。

我们常听人说"千里之行，始于足下"，但不常听人说的是：你还要继续迈出几十万步，才能抵达目的地。请坚持向前走，最终你会体验到这个方法的魔力。无须刻意努力，你的支出就会一降再降。这是怎么做到的呢？

那三个问题何以能帮你省钱？

还记得第四步里的三个问题吗？你会发现这些问题对你关于金钱的意识产生了影响，从而也对你的挂图产生了深远的影响。

开支自动减少

问题1："我得到的充实感、满足感和价值与所消耗的生命能量相称吗？"每个月针对每个支出类别提出这个问题，可以提升你对自己所做选择的意识，从而使你的月度总支出自动减少，让你高兴地看到图表上的支出线下降。正如我们在第四章里看到的，若更清晰地认识到哪些支出确实能带给我们快乐而哪些支出不能，那会激活我们的"生存机制"。事实上，你是在对自己重新编程。每一个"－"标记都是对你的生存本能的侮辱，而所谓生存本能是指自动地趋向快乐而避开痛苦。你逐渐认识到，你以为能给自己带来快乐，或者纯粹出于习惯而产生的支出其实根本不能让你感到满足或快乐，渐渐地，这个强有力的机制将成为你的盟友。

还记得我们的逢见必买之物吗？你很快就会知道自己的逢见必买之物是什么。在你正要把生命能量耗费在又一个逢见必买之物上面时，你会突然警醒。经过一个又一个这样的警醒时刻，你的支出就会降低。我们来看看这是怎么实现的。

过去，当你试图改变消费习惯从而增加满足感体验时，你对自己的消费模式没有一个准确的概览。你没有把逢见必买之物确认为不满意的源头，而是继续把它看作值得紧抓不放的东西。有时你也许会试图放弃逢见必买之物，因为它让你为自己的挥霍而痛苦忏悔，结果却发现自己又一次站在逢见必买之物的柜台前，心想"就这一次，就这一次"。但是现在你已经辨认出那些死胡同，站在高处俯视金钱迷宫。你恍然大悟："事实上，我没有从这笔付出生命能量的开销中获得满足感。"你会感觉如梦方醒。

"等等，"你睁大眼睛脱口而出，"书房里一半的书我都还没读，我已经 10 年没缝过被子了。够了！"那个小小的警醒时刻会产生奇效。现在你已经认定了自己的花钱方式与满足感之间的联系，你的逢见必买之物对你不再具有过去的那种控制力。现在你可以与自我保持一致了——既不与自我做斗争，也不试图花钱购买幸福和满意。相反，你现在是从生命能量的其他用途中获得满足感；你珍视自己的生命能量，因而也珍视自我。从这个角度来看，改弦易辙很容易。

艾薇出身贫寒，父母是墨西哥裔美国人。虽然钱总是不够花，但父母从不承认和谈论贫困之痛，而是向她灌输陈词滥调。"我们是有福之人，"信奉天主教的父亲会说，"因为只有穷人才能进天国。"宗教、贫穷和精打细算过日子的挫败感纠缠在一起，让艾薇感到既困惑又愤恨。她下决心长大后一定要挣足够多的钱，那样她就不必精打细算过日子，就可以想买什么就买什么。

艾薇很容易就辨识出了她的逢见必买之物：衣服。在第一步进行盘点时，她轻快地查遍了房间，对自己的简朴感到甚为满意，直到她打开衣柜。这些衣服都是从哪儿来的？当然，它们来自不同的商店——大多是高档百货公司。可是为什么会这样呢？因为她决心不再受穷，这个信念演变成了无论什么时候都一定要衣着光鲜的心愿。她通过每天的衣着受到赞美的次数来衡量她与贫穷的距离。

诚然，作为一名专业人士，她确实有必要保持良好的仪表。但对艾薇来说，已经转变成了每个月都要添几套新衣，哪怕是穿上个月买的衬衫配这个月买的新西装，她也会觉得寒酸。

在制作月度表时，她很快就认清：相对于她给多家百货公司送钱所投入的生命能量小时数，她并没有得到与之对等的满足感。她停止了购买自己并不需要的衣服，没有挣扎，没有抗拒，没有痛苦。令她惊讶的是，她每天受到的赞美丝毫未减少。

哈尔是活动家出身的财务策划师，他发现自己的无意识支出类别应该被称作"巨型逢见必买之物",或者就叫"大号支出盲点"。对他来说,FI课程更像是白内障手术,而不仅仅是换副新眼镜。

当自问关于满足感和一致性的问题时,他认识到自己在过去8年里是多么无聊和疲惫,他也清楚地看到是什么让他陷入困境。首先,要演好他所扮演的财务策划师角色,他需要一间高档办公室。但是,当他看到这间办公室的租金是每月2900美元时,他质疑那是否真的值得。事实上不值。他的大部分业务都是通过电话、邮件或在客户家中进行的,没人到办公室跟他见面。所以他把办公室搬到了家里。目前的办公室费用总额为:每月750美元。

哈尔的第二大盲点是孩子。孩子们随母亲生活,但哈尔为他们提供充裕的抚养费。那没什么问题。问题在于,每次孩子们向他额外要钱的时候他都来者不拒,因为他为自己没有跟他们一起生活而感到愧疚。他有9个孩子,所以加起来数额不小。不管他给多少,孩子们总嫌不够。经过这个诚实的评价过程,哈尔学会了甄别,他明白了:孩子们已经上瘾,而他是那个推波助澜的人。他决定改变,尽管孩子们现在要经历某种"脱瘾"过程,但哈尔很满意自己选择了不再用花钱来免除不陪孩子的愧疚感。再加上别的小小调整,自问这三个问题使哈尔的开支减少了50%——而且他因此变得比以前快乐多了。

不是每个人都有像哈尔那么大的"虚高花销",但在看了几百名财务自由人士的挂图之后,我们有把握说,那些经过了3个月艰苦努力的人会发现他们的开支自然而然且毫无痛苦地下降了大约20%。这些人没有觉得痛苦，没有为遵守预算而费力，那是自然而然的下降。一旦知道自己在特定支出子类的生命能量消耗并未换来与之相称的满足感，你就会出于自我保护的本能自动地改变消费习惯。渐渐地，你会发现自己因为不花钱而感觉更好。不买逢见必买之物会催生你的满足感，因为是你自己认清了逢见必买之物并不能带来满足感。

一致性与个人协调

运用挂图还有更多可期待的结果。等着看支出线下降吧，只需每个月把问题2自问一遍："这种生命能量消耗与我的价值观念和人生目标一致吗?"

这是诚信与否的反馈系统。你对自己价值观念和生活目标的陈述反映你的最高理想，也就是你真正想为自己争取的是什么。因此，你会希望在日常生活中按照自己的价值观和目标行事。然而遗憾的是，有时你很容易忽视自己的实际所作所为。你的行为方式有可能不仅毫无助益，还有悖于你的最高理想和意图，而你却没有意识到这一点。更糟糕的是，有时候，为解决一时冲动与更高目标之间的冲突，你会迅速放弃良知。《圣经·新约》"罗马书"第七章十九节尖锐地指出了这个人类特有的习惯："故此，我所愿意的善，我反不作;我所不愿意的恶，我倒去作。"有关你如何消耗生命能量的数据提供了一个详细、有形的衡量标准来评判那个诚信度，它会给予你宝贵支持来使物质生活与理想和目标相符。当你的开支与目标一致时，你会体验到完整与诚信，你对自己感觉良好。当它们不一致时，也就是你对"这笔开销是否有助于我的价值观念和人生目标"这个问题给出响亮的否定回答时，你的体验更有可能是失望或愧疚。

开支往往伴随着这个问题下降的原因在于，很多无意识的开支不过是你在借助花钱来宣泄情绪。但也并非总是如此。着眼于让每个类别达到不多不少"恰到好处"，你也许会发现自己一直很小气，应当再多花点钱。也许你曾梦想成为一名歌剧演员。你的分类里有声乐课吗？在哪儿？你需不需要搬到意大利去和行业精英同窗共学？也许你会选择投入更多的钱来训练发声，同时制订一个长远规划让这种训练能在收入上取得回报。另一方面，你也可以决定加入所在城市的志愿者轻歌剧公司，免费接受导演的指点。

这个微妙但有效的强化过程（把钱花在 X 上 = 感觉良好；把钱花在 Y 上 = 感觉不好）确实管用，它能打破机械的消费模式。只要认识到自己从某个支出类别中并未体验到一致性，那就会促使你调整对该类别的刺激的反应。你就会自动开始在那些无助于你的价值观念和人生目标的东西上减少花钱，你会自我感觉更好，知道自己越来越多地把金钱投入到人生目标所在，并将物质生活与内在意识协调起来。这种协调是财务诚信的核心。

就她自己的判断而言，伊莱恩的人生中没有目标。她只想浑浑噩噩度过一生，尽量追求享乐而避免痛苦。回想童年，她记得自己的唯一快乐就是到乡下旅行时和全家人到树林里散步。

开始执行 FI 计划时，她是兄弟姐妹当中唯一"有出息"的人。几个兄弟姐妹一个是靠福利生活的隐士，另一个已经自杀，还有一个流落街头。她拥有一份高薪职业、一辆跑车、一幢漂亮的房子，这让她无论在自己还是家人看来都是个赢家。

关于支出和价值观一致与否的问题动摇了她的自满情绪。伊莱恩一贯用外部因素来衡量自己，她开始悄悄观察朋友和同事。他们有更高的目标吗？她办公室里有一个人是那种"拯救世界"型的。伊莱恩对这个不以物质财富来衡量自身价值的人产生了兴趣，于是与她建立起友谊。不久，两个人开始参加当地一个和平团体的集会。伊莱恩在那里遇到的人都在思考他们怎样才能更好地践行自己的价值观，思考他们在这个世界上可以采取哪些行动来表达自己的使命感。

这些集会成了她的主要娱乐形式。她不再花大价钱上讲习班或进电影院观看所有最新电影，她听讲座、参加筹款。她发现家附近有个大公园，周末会到树林里散步几个小时。到了绘制挂图的时候，她的支出线持续下降。她原来每月花掉4500美元以上，如今生活费稳定在900~1200美元之间。事实证明，寻找人生目标促成了她的转变。

自问第三个问题（"如果我不必为了钱而工作，这项开销会有什么变化？"）会使你的支出线进一步受到影响。人们往往发现在实现财务自由后，开支会进一步减少，所以他们有时在当前支出线的下面画一条虚线来表示对他们离职后生活方式的预估。也许抵押贷款或租金不复存在，因为你住房车，或者到消费水平较低的国家旅行。也许去饭馆就餐的费用消失。这个问题还能激发你对那种自由自在生活的向往，于是你会希望加快这个过程以便尽快达到目的。所以你会有意识地积攒更多的钱。

如果你选择了自问第四个问题："这笔开支在一个公平公正且富有同情心的世界里会是什么样的?"天知道会发生什么。

"不寻常"月份怎么办?

是的,在有些"不寻常"的月份,你的支出线出现惊人的跃升。保险费该交了,有一笔意外的修理费,4 月眨眼间又到了,名为纳税的一年一次大出血在所难免。这些都怎么处理? 首先,你会认识到,每个月都是不寻常的一个月。你要学会从容地处理"不寻常"的开支,用现金支付而不是把它们隐藏到信用卡里。这个月要纳税,下个月要交保险费,再下个月要付医药账单。

另一种策略是把年度性开支分摊到全年 12 个月里。例如,如果你的车险费用是每年 841 美元[1],你可以(除了质疑为一辆车花这笔钱是否值得之外)用这个数字除以 12,算出每月的费用。医疗险、所得税、财产税等也是同理。

会计方式无所谓对错。你要选择能给予所需信息的方式,这样,你瞥一眼挂图就能知道自己的当前状况和未来走向。

公开展示财务状况

现在制图已经成为一种习惯,而且随着你看到自身进步,会变成一个令人愉快的习惯,这时你可以把解释说明元素添加进来了。怎么操作呢?

和朋友探讨"金钱观"这个话题。通过提到"钱"字，让朋友知道你是一个令人放心的倾听者，他们可以放开胆子谈论金钱。你不能摆出一副顾问、教练或专家的姿态。你要表明，你在钱的问题上是开诚布公、饶有兴趣的，而且你自己正在改变与金钱关系的进程中。同时，你邀请别人来对你问责纯粹是因为你拿对方当朋友，希望与他在理财方面取得一致。数以百计的人开始在博客上讲述他们的财务自由之旅，与读者进行对话。许多人贴出他们的月度会计结果和纳税申报单。

在博客上贴出自己的月度会计结果？是的，这是另一个解释说明技巧。在乔·多明格斯的讲习会上，以及在这本书的早期版本里，我们曾建议把挂图挂在一个你每天都能看见的显眼位置。为了达到最佳效果，这张图必须显而易见，这样它才能时时激励你锲而不舍地坚持下去。

有些人一开始把这张图藏在衣橱里，他们把图表挂在衣橱门的内侧。这可以让他们的财务秘而不宣，同时仍然能够在他们每天穿戴齐整上班的时候提醒自己在与金钱打交道时保持头脑清醒。对于那些决定要实现财务自由的人来说，它会进一步让人意识到：上班不再是"干一天活儿挣一份钱"，而是距他们摆脱财务恐惧和经济拮据、实现自由又近了一天。它能振奋精神，其作用不亚于一杯咖啡或一个拥抱。

不想过穷日子的艾薇遇到了她的白马王子。于是，跟童话故事里讲的一样，她从此拥有了成功的人生——有丈夫，有两个儿子，定制的理想房屋带有三个露台、两个天井和由一位室内设计师挑选的家具。她根本无须为钱操心。然而现实搅乱了美梦。她把生活建立在幻想之上，而这个幻想不够牢固，不足以维系她的婚姻，也不足以维系她的理智。所以她告别了丈夫，告别了她的房子、家具和压力山大的职业，只精选了几样财产装进一辆 U – Haul①卡车，带着儿子们向西进发。

7 年后，通过 FI 课程，她找到了一条通往更大程度自由的道路。她和朋友玛格丽特邀请了 20 个朋友组团参加这门课程，这样他们就可以在执行财务自由计划的过程中互帮互助。他们每个月都见面，分享见解、成功和障碍，以及他们财务生活的详尽细节。

艾薇做了挂图后鼓励自己把它带到聚会上，过去的一些恐惧再度袭上心头。她的第一个念头是："爸妈会认为我疯了，怎么可以让别人知道你挣多少、花多少呢，这、这、这很没品位。真是……"为什么那么不情愿？她为什么害怕暴露自己的财务状况？她意识到，原因是担心人们会评判她、确定她是否有价值。他们可能会用区区几个数字对她进行估量，如果她不符合标准就抛弃她。她拿出当年走出婚姻的决心，带着挂图去参加聚会。恐惧烟消云散，她内心关于金钱的担心也放下了。她花掉的钱嘛……花了就花了吧。她的收入就是收入，如此而已。她可以轻松自如地跟人讲这些事情，就像跟人说她客厅沙发的颜色一样，没什么大不了的。

---

① U – Haul 是美国知名搬家公司。——译者注

随着时间的推移，你可能会发现，你对挂图的感觉渐渐改变，这反映了你与金钱关系的变化。这张图成为你践行自我价值观情况的体现，表明你在做出有关物质世界的每一个决定时用了多少心思。它让你感到骄傲——不是傲慢自大，而是伴随着诚信而来的那种深度满足感。一旦达到这个境界，许多人发现他们对自己的进步感到非常满意，于是把图表从衣橱里取出来挂到墙上。

稍等，请反思一下你对自己你当前与金钱关系的感受。试想，如果把这份有关你财务状况的图表挂在客厅的墙上、挂在每一个来访者都能看见的地方，你做何感想？你会感到坦然还是忐忑？你的不自在程度可衡量你的财务不健全程度。没关系，照着本计划中的步骤去做，那种忐忑就会消失。

财务自由是执行这些步骤的副产品

将本计划的各个步骤付诸实践的人表示，改变他们与金钱关系的过程既具有挑战性，又令人着迷。记录每一分钱的花销成了收银台前令人愉快的例行公事。它还会激发一些有趣的金钱讨论——在杂货店排队的时候，围坐到一张桌子旁的时候，总有些人好奇你在干什么。制作月度表是高潮。自问那三个问题可让你快速而深入地检视自己的价值观念和人生目标。在挂图上填写收入和支出的时候，你可以趁机反思自身金钱意识的真实状况。在遵照执行这些步骤几个月或一年后，你将开始注意到这个过程有一个令人大为满意的副产品：由于坚持挣的要比花的多，你最终摆脱了债务、积累了储蓄。

考虑到你的特殊财务状况，这其中有些是不是显得不可思议？让你得以向前迈进的不是你的生活条件，而是你如何与它们互动。本计划的遵循者有的负债累累且失业，有的没上过大学且履历表上的工作经历有很大空当，有的拖家带口，有的居住环境破落。他们的人生并不"顺风顺水"，他们不过是巧妙地利用了现有风向扬帆起航。

从最严格的意义上讲，一如我们给出的定义，"财务自由"意味着你可以选择如何运用自己的时间，因为除了有偿就业以外，你还有别的来源使你有充足的收入来满足基本需求和舒适。但 FI 还包含其他方面，比如摆脱债务和积累储蓄。

财务自由就是摆脱债务

对许多人来说，债务是一块沉重的磨石，摆脱债务则是一个重大的里程碑。他们往往在债务消除之后才意识到它是一个多么大的负担。

你呢？欠债吗？知道自己欠了谁、欠了多少钱吗？知道负债让你付出了多大代价吗？抑或你只是麻木地按期偿付抵押贷款、车贷和信用卡账单，直到生命尽头？

许多学生在跨出大学校门时除了一纸耗资不菲的文凭之外，还带着数万美元的助学贷款。有幸接到录用函的人觉得万事大吉了！很快，他们买了一辆新车，到期待已久的毕业典礼上去炫耀，与之相伴的是又一笔债务。但是，嘿，等我有了一份全职工作不就能多挣 2 万美元了吗？他们几乎没有意识到，这会把他们从起跑线又往后推出去很远。

认为债务永无止境、尽量不付现款的人实际上是在降低自己的收入。他们没认识到，刷高息信用卡购买一套新的立体声音响来庆祝加薪会抵消新增工资——而且还不止如此。若以多年分期付款形式买车，最终花掉的钱会比标价要高得多。若用 30 年抵押贷款买房，到付清最后一笔还款时，你花掉的钱会是购房价的两三倍。

无数研究结果表明，人们使用信用卡而非现金时会花掉更多的钱。[2]以帮人摆脱债务而闻名的戴夫·拉姆齐是倡导在生活中杜绝信用卡的重要人物。轻松借贷的兴起让人们比从前更容易选择即时满足，尤其是在网购时。我们所做的每一笔交易都只表现为屏幕上的像素。我们不再局限于量入为出，也就是根据已经挣到的钱来确定自己能买什么——我们现在可以根据自己指望着未来会赚到的钱来买东西！举债已成为美国特有的生活方式，致使人们很难认清是债务把我们与职业拴到了一起，是债务让我们日复一日埋头苦干，求死般拼命工作，来换取我们早已遗忘的愉悦和根本无暇享用的奢侈品。

坦尼娅曾经把自己的生活描述为"白天轰炸，夜晚宁静"。她在一家接有大量防务合同的高科技公司当平面设计师，并出于爱心在教堂赞助的各种服务项目中工作。由于欠了 2.6 万美元的债务，她似乎别无选择。而且她一再被告知别无出路，所以良心已经停止挣扎。

FI 计划提供了一面无情的镜子，彻底解救了她。她在挂图上贴了一个小标签，上面写着："迈向无债。"在标签的下面，她排放了一组带有数字的魔术贴，追踪记录自己确切的债务金额。"就像我在融化一支蜡烛或者减掉 20 斤体重似的。"她告诉我们。没有加薪，也没有丝毫受苦的感觉，她只用两年就还清了债务。

在思索人生中真正给予她满足感的东西时，她认识到，给她带来最大快乐的是短期出差，到哥斯达黎加和肯尼亚等地的建筑工地上帮忙。第一次从肯尼亚出差回来后，她变得极度沮丧。是的，她帮助扩建了一个偏僻山村里的乡村医院，但那又怎样呢？那里的人依旧很穷。于是她开始收集原本要丢弃的医疗用品，把它们打包交给去看野生动物的游客带到肯尼亚。

等到还清所有债务时，坦尼娅已经很清楚自己下一步要做什么。她曾发现有肯尼亚人因牙齿脓肿得不到治疗而死亡。她辞了职，将城里的房子出租，小汽车也租出去，然后到肯尼亚待了一年，帮助开设一家牙科诊所。坦尼娅不欠债，房子和汽车的租金提供了她在肯尼亚乡下生活所需的全部花销，她在财务上获得了解放。由于没有债务负担，她现在可以自由选择，而她选择了从心出发。

因此，摆脱债务是财务自由的一种形式。还清欠债会让你重新获得进行选择的自由。无论经济环境如何，能够说"我不欠任何人任何东西"是理智、尊严与自由的告白。

一旦摆脱了债务，你就有选择权了。意识到每一份薪水里的每一块钱都属于自己是非常令人振奋的。你也许像坦尼娅那样，选择跟随自己的内心前往遥远国度或追求别的东西。你也可以留在原地继续享受改变与金钱关系的过程。随着你持续地花的比挣的少（同时尽情享受生活），你的挂图上收入线和支出线之间的空白会越来越大。这块空白有一个名字，是近些年已被废弃的一个名词，它叫"储蓄"

（参见图5-2）。储蓄是财务自由的另一个形式。

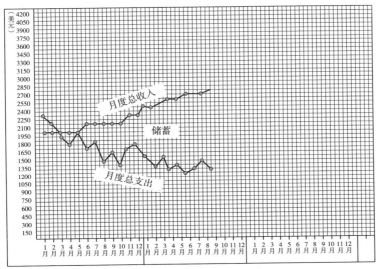

图5-2 支出、收入与储蓄挂图

成为超级储蓄者

你现在存了多少钱？还在欠债吗？正在奋力还债？把挣的钱全花光了？

要实现财务自由，储蓄率是最重要的因素之一。不妨这样来看待储蓄率：如果你花掉100%的薪水，那就永远都不能退休。如果你每月花掉0%的薪水，那么恭喜你！你已经实现财务自由了，不必再为了钱而工作。但如果百分比介于两者之间呢？如前所述，一般来说，执行这些步骤的人能将开支减少20%，很多人甚至不记得他们以前把钱都花在哪里了。

一旦在挂图上看到这个转变，你就豁然开朗了。你存得越多，就会越早实现财务自由。把更多的钱存起来犹如一场游戏。例如，你从食品杂货类开支发现顿顿吃肉是你每天最大的消耗，所以你把每周吃肉的分量或次数减半。有一个理财博主决定一年内不买新衣服，结果发现这很容易做到。独居也许看起来像是你不再想要的奢侈品，现在给自己增添一个室友可拉近你的退休日期，让它提前4年到来。另外，它也许会让你改掉生活中的一些不良习惯，比如大清早发脾气、水槽里堆满碗碟。诸如此类的调整坚持下去，你就能改变习惯。

我们曾经听到一位替无家可归者维护权益的人士说，大多数美国人距离无家可归只有两笔薪水之遥，这似乎言过其实，简直让人难以置信。然而，当我们与了解消费者债务情况的其他专业人士交谈时，有些人表示，两笔薪水是保守估计。一笔薪水或者一场大病就足以让许多人手足无措。联邦储备委员会2015年的一份报告称，要拿出400美元应急资金，47%的美国人将不得不借钱或卖掉点东西。[3]美国是有史以来最富有的国家，怎么会有这么多公民只能勉强维持生计呢？有了储蓄，失业就并不悲惨。如果你没有了薪水但有储蓄，你就不必舍弃任何财产。不仅如此，你也许还能趁机去探索从前因为太忙或太累而未予考虑的选项。你可以带着全家人驾驶野营车周游全国，可以装好背包环游世界，可以博览群书，可以把家里重新布置，可以学一门新手艺。你可以探索自己的创意和才华，纯粹为了自娱自乐而画画或作曲。你可以花一整年时间有条不紊地寻找适合你的工作。你可以拿到普通教育水平证书（GED）、学士学位或硕士学位，使自己有资格在所选职业领域获得提升。你可以为自己关心的事业做全职志愿者，说不定会被留下来担任有偿工作人员。你可以和家人共叙天伦。

不妨试试这个办法：问问自己，如果有一年的带薪休假，你会如何度过这段时间？如果你发现自己的头脑一片空白，请不要感到惊讶，对职业的完全认同或许暂时抑制了你真正的梦想和愿望。但请持续追问，想想看，如果拥有足够的储蓄让你连续一年不需要有偿就业，你有哪些可做的事情。

你觉得拥有存款的感觉怎么样？你对这件事有什么看法，是赞成还是反对？你是不是一拖再拖，觉得可以等到以后再说，或者等你还清了债务、有了一份更好的工作之后再说？拥有存款会损害你的自我形象吗？它代表着你的青春已逝或者向父母屈服吗？它是你"有朝一日"会抽时间去做的事吗？你是个挥金如土、认为"可支配收入"意味着可以把兜里每一分钱都花光的人吗？鉴于你目前的经济状况，储蓄看起来像一个遥不可及的梦想吗？关于存钱，你有什么宗教或政治信念？你该把多余的钱分给教会、送给穷人或者捐给某项事业吗？这里的重点未必是改变你的储蓄习惯，而是要弄清你关于储蓄的理念，这样，当你的储蓄伴随着执行这些步骤而增加的时候，你就能够以轻松、诚信的态度对它进行管理。

稍后我们将探讨如何赋予这些储蓄生命。如果你将储蓄存为定期或者投入债务工具（比如评级在 AA 以上的美国国债、公司债券或市政债券）或任何配比基金，不去动它，它会通过复利的魔力自动为你赚钱（我们在第八章里会解释）。开始得越早，你得到的就会越多。事情就这么简单，这就是为什么父母在孩子很小的时候就为他们开立储蓄账户。虽然你的储蓄率会时高时低，但有意地把一笔钱存进储蓄账户或进行安全的投资，就跟通过精明的购物方式来省钱一样。这两种情况都属于花小钱办大事。

因此，储蓄是财务自由的一种形式。积蓄可给予你新的勇气去从事工作，给予你新的能量去探索生活中被忽略的部分。储蓄能让你顺利度过自由职业或季节性工作的不景气时期。储蓄可缓解潜意识中对流落街头的恐惧。储蓄能让你免于在绝望中做出错误的抉择。存钱还能为你积聚潜力，使你不必在未来面对紧急情况，不必负债，不必朝九晚五地一直工作到65岁。

存钱就像在河上建水坝，大坝后面蓄积的水会有越来越大的势能。请让你的生命能量（金钱）在银行账户里日积月累，你将有充分准备做任何事情，从粉刷房子到调整人生方向，干什么都行。

这一切都源于一张图表？

这张挂图并没有什么神奇之处。你可以在月初填入数字，然后在这个月剩下的时间里不予理睬，什么也不会发生。但是如果你和它互动，把它摆在显而易见的地方，倾听它对你的诉说，并且坚持下去，你就会渐渐注意到变化。财商的一部分就是指对收入、支出和储蓄模式始终有着清醒的意识。

- 它是一个忠实的提醒者，让你记得自己承诺了要改变与金钱的关系。它能纠正你的"鸵鸟政策"，使你意识到自己要改变盲目花钱的习惯。
- 它是一个反馈系统，让你瞥一眼就能清晰而形象地看出自己的当前状态和朝着目标迈进的进展。你无须抱出存钱罐或者翻出月度表来查看进度。图上的两条线要么向上要么向下。

- 它可以是一种激励，让你体验到对自己所取得进步的满意，从而鞭策你再接再厉。当你在日常生活的杂草丛中挣扎时，看一眼挂图会让你想到自己播种的美好生活。

- 它可以是一种动力，在你灰心丧气或者能量不足时促使你矢志不渝地坚持下去。假如受到诱惑，只要一想到在月底要面对挂图，你大概就会做出比较妥当的选择。

- 它把你的诚信和盘托出，显露无遗。面对挂图自欺欺人地谎报进展是很难的，至少比没有挂图时要难一些。

- 它持续不断地建议你尊重自己的生命能量。你的收入代表着你在这个美丽地球上度过宝贵一生的许许多多个小时，支出则代表着你使用这些宝贵时间的方式。挂图会提醒你尽可能管理好这份时间资源。

- 它可以激发你对个人理财的兴趣，你可以通过读书、听播客、上课、与理财知识丰富的朋友交谈来提高这项技能。

- 最后一点，它能争取到持续不断的支持。把它挂在别人能看到的墙上就是在吸引他人注意和参与，有亲朋好友在一旁为你加油鼓劲是很有帮助的。想想你要进行的"金钱讨论"吧！

最后请琳达和迈克·莱尼希给大家鼓劲

琳达和迈克·莱尼希在电台里听说了这个九步骤 FI 计划，不久后，1992 年 7 月，他们开始执行该计划。当时，他们有 5.2 万美元的债务（车贷和抵押贷款）。到了 1993 年 7 月，仅仅通过遵循这些步骤，包括从挂图中获得强大动力，他们还清了全部欠债。但故事还不止这些。从他们的挂图上可以看到，他们把债务追溯到1986年，那一年是7.5万美元以上。那时他们正在跟进一个"必赚百万跑赢大盘"的股票和大宗商品投资方案，该方案一度使他们负债高达12.5万美元。迈克看中本书的部分原因是，这个计划的起效原理是让他们变得头脑清醒、立场坚定、意识明确。他再也不想体验那个所谓"稳赚不赔"的投资方案一败涂地时那种痛心疾首、目瞪口呆的恐慌。

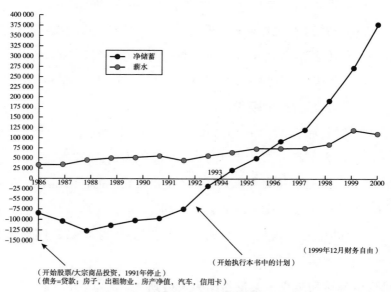

图5-3 莱尼希夫妇的储蓄和薪水图

沿着循序渐进的路线，他们在许多年前就实现了财务自由。从那以后，琳达把大部分时间献给了她最热爱的事情——缝制被子。迈克学会了吉他演奏，直到现在还偶尔到俱乐部演出赚点外快。多年来，他还带领一些人在生活中运用本计划里的步骤，直到现在还利用他的理财智慧帮助老年人管理他们的养老储蓄。

第五步提要

制作月度总收入和月度总支出挂图并保持更新。经常看一看，并与他人分享。

"金钱观"讨论

社会支持对于行为改变有着关键作用。它会让你受到激励，更有责任感。

利用后记里关于如何开展"金钱观"的讨论的建议，日常与伴侣或朋友闲谈时不妨提出以下问题。记住，无论哪个问题，在末尾加上一句"为什么"会让它更有深度。无论哪个问题，补充一句"我给出的答案对社会有何影响"会让它更有广度。答案无所谓对错。

- 你需要多少钱才会快乐？
- 什么事或者什么人能帮你改变与金钱的关系？
- 如果你知道其他人（朋友、约会对象、老板、陌生人）挣多少钱，那会带来什么变化？
- 是什么促使你存钱？
- 有哪些办法帮你存钱？

第六章

享受节俭生活

既令人悲哀又发人深省的是，英语中没有一个词可以描述生活在满足感曲线顶点的状态：拥有的始终充足而从无多余负累。这个词要描绘出对有形资源（时间、金钱、物质财产）的谨慎管理，还要描绘出对精神资源（创造力、智识、爱）的愉快扩展。遗憾的是，你不能用"我正在体验满足"或"我选择一种具有满足感的生活"来描述你因遵循本计划中的步骤而达到的既富裕又节俭的状态。

　　"简约"和"极简主义"这两个词概括出了无多余负累之特点，但也有些清苦的苦行僧意味。"收纳"技巧强化了追求快乐之愿望，但仍主要着眼于物品，而不是更深层次的时间、金钱和满足感等问题。"节俭"一词曾经堪当此任，但到了20世纪中叶，它变得像大萧条时代的祖父母一样让人感到古怪。

　　节俭是怎么失宠的？毕竟，它是一个不分时间和文化，亘古长存的理想，也是美国人性格的一块基石。在古代，苏格拉底和柏拉图都曾赞誉"中庸之道"。《圣经·旧约》（"不要给我贫穷，也不要给我富裕，给我足够的就好"）和耶稣的教导（"你们不能既侍奉上帝又侍奉金钱"），都赞美物质简朴在丰富精神生活方面的价值。在美国历史上，赫赫有名的个人（本杰明·富兰克林、亨利·大卫·梭罗、拉尔夫·沃尔多·爱默生、罗伯特·弗罗斯特）和团体（阿米什人、贵格会、胡特尔派、门诺会）都发扬了节俭美德——既是出于对地球的尊重，也是出于对触摸天堂的渴望。而且，建国大业需要我们大多数公民克勤克俭。事实上，我们今天所享有的财富是几个世纪的人节俭的结果。我们在前面说过，"更多就会更好"的消费文化是美国舞台上的新贵。节俭是我们的根基，是时候重新垂青这个词并付诸实践了。

我们来探讨一下"节俭"这个词，看看到底能不能把它作为实现满足感的关键。

节俭的乐趣

我们在字典里查了"frugal"（节俭）一词，发现它的解释是："节约或以节约为标志，比如在金钱的花销或物质资源的使用上。"[1]这个有用、实际、平平淡淡的词听起来颇有道理。它毫无财务自由人士所体验的"足够"的简洁和体面。再深入追究，词典告诉我们，*frugal*与*frug*（意思是"优点，美德"）、*frux*（意思是"水果"或"价值"）和frui（意思是"享受或能够使用"）有相同的拉丁词根。这样就更明白了！节俭就是享受这样一个优势——你的每一分钟生命能量和你所能使用的每一样东西都很好地体现了价值。

这不只是有趣，它是变革性的。所谓节俭，就是享受我们所拥有的。如果你有10条裙子却还是觉得没裙子穿，那你恐怕就是一个强迫性购物狂——获取之快感比拥有和使用之愉悦更强烈。但如果你有10条裙子，而且多年来这10条裙子你一直都喜欢穿，那你就是节俭的。浪费不是指拥有的东西多，而是指未能享受它们。要衡量你在节俭方面是否成功，不必看你的吝啬程度，要看你对物质世界的享受程度。

享受物质世界？那不是物质主义吗？节俭的人不是反物质主义者

吗？一切在于你的关注点。对物质主义者来说，世界存在就是为了被利用，而且往往是被用尽。此外，物质主义者衡量自身价值的标准是他们拥有些什么或者别人如何看待他们拥有些什么，导致一个"更多会更好，永远都不够"的死循环。节俭的人则一定会从每样东西中得到充分的愉悦——无论是一株蒲公英还是一束玫瑰花，一粒草莓还是一顿大餐。物质主义者可能会在享用松饼早餐前一口气喝掉5个橘子榨出的果汁，而节俭的人也许会津津有味地品尝一个橘子，享受整粒果实的色彩与质感、剥皮时散发出的香气和滋出的汁水、每一个橘瓣的清澈透亮、橘瓣被咬开时弥漫于舌尖的酸甜……再把橘皮留着烘焙用。

节俭意味着从物品中得到愉悦的比例很高。如果你从每件物质财产中都得到一个单位的愉悦，那就是节俭。但是，如果你需要10件物品才能勉强感到一点愉悦，那你就错失了活着的意义。

西班牙语中有一个词包含了所有这些含义：aprovechar。它的意思就是对事物加以善用——无论是在海滩上度过阳光明媚的一天，还是把剩菜加工成一道新的美食。它从生活中充分获取价值，享受每一个时刻、每一件事物所能提供的一切美好。你可以 aprovechar 一顿简单的饭菜、一盒熟透的草莓或者一趟巴哈马海上旅行。aprovechar 毫无小气意味，它是一个生机勃勃的词，充满了阳光与清香。要是 frugal 听起来也这么让人心旷神怡就好了。

北美的"更多会更好，永远都不够"的心态不符合节俭的定义，并不仅仅是因为有多余，也是因为欠缺对我们已拥有东西的享受。北美人一直被称为物质主义者，但那是一种误称。我们所享受的往往并不是物质本身，而是它们所代表的东西：征服、地位、成功、成就、价值感乃至造物主的眷顾。一旦得到梦寐以求的房子、与地位相称的汽车或者完美的爱人，我们很少静下心来充分地享受，而会转身去追逐下一个梦寐以求之物。

从字典对 frugal 的定义中，我们能得出的另一个教训是要认识到，享受一样东西并不需要拥有它，只需要使用它就行了。如果我们在享受着某个物件，那么，不管是否拥有它，我们都是节俭的。就生活中的许多乐趣来说，使用某样东西比拥有它（并为其维护保养付出时间和精力）要强得多。可喜的是，现如今的年轻人似乎不像前几代人那么执着于拥有自己的物品。他们一方面收入有限，另一方面有越来越多的渠道按需短期租用从电影到有声读物到汽车的一切东西，所以他们质疑占有物品的好处，而从共享经济中找到乐趣。

因此，节俭也是学会分享，把世界看成是我们大家的，而不是他们的，也不是我一个人的。"一个人的家就是他的城堡"曾经预示着更大的自治权，现在却演变成了一小块一小块土地上的豪宅（Mc-Mansion)①，每个人都是一个封建领主。如果我们想要什么东西（或者过去曾经想要，或者想象将来也许会想要），就觉得必须把它弄到一个疆域范围之内，这个疆域就叫"我的地盘"。我们没有认清的是，"我的地盘"外并不属于敌人，它属于"我们其余的人"。

虽然在字面上并不明确，但节俭并满足于拥有足够的东西，意味着其他人有更多的东西可用。正是从这个意义上讲，节俭既合乎实际，又合乎道德。共享资源意味着生活成本降低、可供每个人使用的

---

① 同 Mansion（宅邸）相比，McMansion 虽然面积也很大，但通常是没什么特色的住宅，一般未经精心设计。——译者注

物品和服务范围扩大。共享资源——从割草机到汽车，到客房，到二手多余物（我们将这些多余物送到旧货商店或者在网上或当地交易群里转卖）——意味着我们必须从地球上提取、燃烧或短暂使用后扔掉的资源减少。通过共享，我们会使海洋里的塑料减少、垃圾场里的垃圾减少、无论什么地方的有毒物质都减少。从工具房到网上的二手物品出售或转送，再到把割草机或手推车借给邻居（邻居也许会送给你一块面包或帮你遛狗以示感谢），分享一点点财富会让赠予者和接受者的生活都变得更加丰富。

除了向他人赠予（以及他人向你赠予）能带来愉悦感之外，经常花时间进行交流、施以援手、慷慨相赠乃至哪怕只是耐心倾听都会让你产生社区归属感，而社区归属感是真正的宝藏。作为社区的一个组成部分，你可以踏踏实实地在有需要的时候得到帮助。节俭不是要当孤独寂寞的游骑兵，一切都自力更生，而是要你发现自己除了物质财富之外还有更多的东西可以给予、可以享受。事实上，财务依存是成功地从"更多就会更好"向"要适可而止"过渡的关键。

节俭是我们所追求的平衡。节俭是能够高效地从你所在的世界中收获幸福。节俭是恰当使用（发音正好与"正当"相近①），也就是明智地管理金钱、时间、精力、空间和财产。童话里的金发姑娘对此做出了恰到好处的表述，她说"小碗里的粥不热不凉，刚刚好"。节俭就是这样——不多不少刚刚好，什么也没浪费，什么也没弃置不用。它好比一台干干净净的机器，线条流畅，完美无缺，简单却优雅。它就是那个神奇的词——"足够"，是满足感曲线的顶点，是充

---

① "恰当使用"的英文是 right use，"正当"的英文是 righteous。——译者注

实完满、不断学习、乐于奉献的人生的起点。

在探索攒钱方法时，请牢记这一点。我们谈论的不是怎样吝啬小气、将就凑合，也不是一毛不拔、惜财如命，我们谈论的是创造性节俭，是从你消耗的第一个单位生命能量中获得最大限度满足感的一种生活方式。

既然你知道了金钱是你的生命能量，把它浪费在你不喜欢也从不使用的物品上就显得很不明智了。回想一下我们在第二章做过的计算，你会记得，如果你现在 40 岁，精算表显示你的库存只剩下356 532小时的生命能量。这或许在眼下看起来不算少，但到了你生命将尽时，那些时间就会让人觉得非常宝贵。现在就好好利用它们吧，这样以后才不会后悔。要最大限度地从有偿就业中赚取收入，也要积累友谊、人脉和技能等其他形式的财富，我们一生都要两者兼顾。

最终，这种创造性节俭是自尊的表现，它尊重你在物质财富上投入的生命能量。通过谨慎消耗来节省那分分秒秒的生命能量，是自尊自重的极致。

第六步：珍惜你的生命能量——尽量减少支出

这个步骤涉及睿智地使用你的生命能量（金钱）和有意识地降低或消除花费。

请把以下段落看作一份选项菜单。能激发你兴趣或灵感的就去探索，其余的不予理会。每个人都能从中有所借鉴，但并非每一项都适用于你。不过，问问自己为什么舍此取彼也许会富有启发意义。你也许会遇到自己在童年时期被设定的思维，遇到一些文化虚构信念乃至一些有关自身价值观的发人深省的信息。记住，这些理念是向你提供机会，不是要你遵照执行。节俭是为了享受人生，不是为了锱铢必较！祝省钱快乐——或者应当说，祝节俭快乐！

一个省钱新观念

别再试图给别人留下深刻印象

那是对时间和金钱无止境、无效果的浪费。况且乐观地说，别人很可能正忙着给你留下深刻印象而顾不上注意你做出的努力。从最糟糕的一面说，他们会憎恨你胜他们一筹。

1899 年，索尔斯坦·凡勃伦出版《有闲阶级论》（*The Theory of the Leisure Class*）一书时并未引起很大轰动。但是，他创造的"炫耀性消费"一词已深入我们文化的核心。在这本书的序言中，社会评论员兼作家斯图尔特·蔡斯这样总结了他的论点：

> 在这个时代以及之前的所有时代，最低生活水平线以上的人并不使用社会给予他们的盈余，主要是另有所图。他们不寻求拓展自己的生活，不寻求活得更合理、更睿智、更有判断力，而是用他们拥有盈余的事实来给别人留下深刻印象……他们乐此不疲地付出金钱、时间和努力让自我不断膨胀，而那是徒劳的。[2]

炫耀性消费是人类物种的跨文化和进化畸变，但那并不意味着你必须成为它的牺牲品。社交媒体进一步提高了挣脱自我比较之枷锁的难度，因为你的朋友们会经常发帖假装谦虚地夸耀自己富有异国情调的假期、在高档餐厅的饭局或者刚买的最新奢侈品。如果你不再试图给别人留下深刻印象，你就会省下成千上万美元，甚至数百万美元。如果你实在憋不住，那不妨展示你通过创意 DIY 项目或旅行技巧节省了多少钱，或者展示你搭帐篷露营而不是前往度假胜地所体验到的自然美景，以此给人留下深刻印象。

10 个省钱小妙招

1. 不去购物

不去购物就不会花钱。当然，如果你确实需要商店里的什么东西，那就去买吧，但别只是为了购物而购物。

它原本非常简单：如果不亲自光顾商店，你就什么也买不到。但如今只需在手机上点一点，全世界几乎任何东西都可以在几天甚至几小时之内送到你的家门口。即使你决定不在网上狂购，各种各样的通讯途径也意味着你会不断接收到越来越有针对性的广告，它们充斥你的屏幕、消息栏和收件箱，用"适宜"的优惠帮你花掉钱。曾经神圣不可侵犯的新闻内容如今与付费广告混杂在一起。若明智地加以利用，这些优惠可以帮助你花较少的钱得到所需的东西；但是，当你不必开车前往购物中心也能购物时，你就更容易把钱浪费在本不需要的物品上。

在线下零售领域，2014 年对 1000 名美国成年人进行的一项精确电话调查发现，75% 的人表示有过冲动购物的经历，也就是你在走进商店时没打算买却一时心血来潮买下某样东西。兴奋总体上是最大的刺激因素，但男人往往在喝醉时购物，女人则在无聊或悲伤时购物，两者都会在愤怒时购物。一半人表示，到了该结清账单的时候，他们就后悔了。[3]买者自负！在网上，你的兴趣和习惯被搜索引擎、社交媒体平台和广告商跟踪和分享，复杂的推荐算法在发挥着作用来驱使购物冲动，而且由于一键式购物连家门都不需要出，它的推动力就更大了。

为什么购物是我们最喜欢的消遣方式之一？购物不纯粹是获取所需商品和服务的行为，它还尝试满足（但显然做不到，因为我们必须频繁地购物）无数的需求：为工作出色得到犒劳，消除抑郁，提振自尊、自信、地位和素养。就逛商场而言，能开展社交和打发时间。消费似乎是我们最喜欢的快感，是能得到周围人认可的嗜好，是全民形式的恶瘾。

怎么办？不要把购物当作奖励、慰藉或娱乐。选择不接受促销电子邮件，或者最起码把它们从主要收件箱过滤出去，以此减少受到各种优惠的诱惑。要充分了解媒体，弄清楚是谁在为你所读的内容出钱，这样当你看到隐性广告时就能一眼识别出来。最重要的是，要订立规矩：只买你需要的东西。这就好比强健肌肉——你的节俭肌肉，随着时间的推移，它会慢慢强壮起来，很快你就不会再被有针对性的广告打动了。这样你不止节省金钱，也许还会拯救自己的理智，甚至灵魂。

2. 量入为出

这个概念已经非常过时，以至于有些读者根本不知道它是什么意思。量入为出就是只买你出于审慎考虑能买得起的东西，没有把握及时偿还就千万不要欠债，并且总是留有余钱以备不时之需。短短几代人以前，也就是在借贷消费扩张之前，这是相当时髦的生活方式。入不敷出有利有弊，光明的一面是你可以马上得到自己想要的一切，惨淡的一面是你将投入生命（以利息的形式）为它付出代价。无论是汽车、房子，还是度假，赊购的结果往往是要支付购买价格的3倍。如果今年到夏威夷玩两个星期，明年可能就要多工作大概4个月才能还清这笔花销，值得吗？这并不意味着你必须注销所有信用卡，只是提醒你，如果不能马上还清欠款就不要刷卡。我们知道，当有人意外遭遇困顿时，信用卡可以让他们有办法把食物端上餐桌。然而，重要的一点是要区分必要与放纵，这样就能使待还欠款尽可能少。

量入为出建议你等到有了钱再买东西，它给你带来的好处是避免支付利息。它还给你一个等待期，在这段时间里，你很可能会发现那其中有些东西是你根本不想要的。量入为出的光明一面是你将使用并享受你所拥有的一切，从中获得充分的满足感，无论是你开了10年还依然很棒的汽车、你最喜欢的大衣，还是你的老房子。它还意味着一旦经济困难时期来临（那是必然会有的），你能够安然度过。

3. 爱惜所有

我们大家都拥有一样我们希望它能维持长久的东西：身体。稍加注意，已经证实有效的预防措施就能为你省下不少钱。例如，爱护牙齿可省下成千上万美元的牙医账单。只吃你身体能消化的东西（根据你的消化能力而不是味蕾来判断）也许能让你免于接受耗资不菲的各种检查治疗，更不用说为挽救你的生命而付出的医药费。

不妨把这个原则推广到你的全部所有物。缝补有破洞的衣服，给旧鞋换个鞋底，更换电脑的旧硬盘或者增添内存。众所周知，定期更换机油可以延长汽车的使用寿命，清除工具上的污垢可使它们保持最佳性能状态（有多少吹风机和真空吸尘器被毛球堵死?），给冰箱线圈除尘能节电，可能还会使冰箱得到维护。生物和机器的一个重大区别是机器不能自我修复。如果你对偶尔的头痛不予理会，它也许会自动消失。如果你对电脑或汽车发出的奇怪噪声不予理会，那恐怕就会产生严重的（和昂贵的）损害。

我们当中的许多人长期以来过着物资富余的生活，已经想不到去养护我们所拥有的东西。"反正多得是。"我们告诉自己。但那是要花钱的。而且，从长远来看，它未必是永不枯竭的。我们需要转换大脑的思维方式，着眼于修复而非更换。

4. 用坏为止

你真正用坏的最后一件东西是什么？要不是因为那些时装广告（和无聊），我们可能会一直享用衣柜里的基本款。检视一下你的财物，你是习惯性地把去年的电话、家具、厨具和寝具换套新的或者再添一套，还是真的把它们用坏为止？想想看，如果你决定把物品多用哪怕20%的时间，你就会省下多少钱。如果你以往每三年更换一次寝具，不妨试着每四年换一次。如果你每四年换一辆新车，不妨试着延长到五年。如果你每隔一个冬天就买一件新外套，不妨看看间隔两个冬天是否也没问题。当你要买什么东西的时候，问问自己："我是不是已经有一个了，而且它完全还能用？"

另一个省钱方法是，在扔掉某样东西之前，思考一下它的全部或者一部分还能不能有别的用途。旧的洗碗布和穿破的衣服可做抹布，旧杂志可作美术材料，网上比比皆是的创意 DIY 生活小窍门可以帮你重复利用日常物品。

已经很节俭的人要注意一点：把一件东西用坏为止不是要你为它耗尽心力。如果一盏台灯需要你不停地去敲敲打打才能亮，而且你已经尝试过进行修理，那它恐怕就不值得你付出生命能量再勉强用一年。如果你的小汽车总制造麻烦，修车所花的时间（或金钱）比它为你服务的时间还要多，那就买辆新的吧。如果你因为穿着已失去反弹力的跑鞋而膝关节受损，那么，买一双（打折出售的）新鞋比做膝关节手术要便宜得多。

5. 自己动手

你会更换小汽车里的灯泡或者其他简单零部件吗？会修理漏水的水管吗？会打理自己的税务吗？会自己做礼物吗？会给自行车换轮胎吗？会从和面开始烘焙蛋糕吗？会制作书架吗？会给家具打蜡抛光吗？会打理花园吗？会设计自己的网站吗？会给家人理发吗？会自己成立非营利性组织吗？过去，生活比较简单，我们会在成长过程中从父母那里学到基本生活技能。如今，在很大程度上，我们是他人所提供的商品和服务的消费者。要扭转这一趋势，每当你打算聘请一位专家时就问问自己："我能不能自己动手做这件事？怎么才能学会呢？

掌握这门技能会很有用吗?"创客革命使 DIY 再度流行;创客空间如雨后春笋般涌现,在这些地方,电子产品、织物、木材和电线可以凭借你的聪明才智派上别的用场。

诚然,我们的电子产品已经变得富有技术含量,这让 DIY 族很难弄清楚怎样才能将其拆开来修理。例如,在过去,汽车是一个后院机械师就能修的机器,如今的汽车是能行驶的计算机,它能做任何事情,包括自动驾驶,因而需要专业技术人员来维修保养。

年轻的时候,蒂娜和她当医生的丈夫在斐济住了几个月,当地人对他们的无比尊敬让她感到有点难为情。她试图把这种尊敬降到适当程度,但他们怎么也不肯。后来她发现,斐济人能制造并且修理他们赖以生存的每件东西,他们以为蒂娜和查尔斯的晶体管收音机、手表和打字机都是自己动手制作的,才对两人如此崇拜。他们无法理解这些东西是由别人制造的而蒂娜和查尔斯根本不懂。

基本的生活和生存技能有很多学习途径,包括网站、书籍、在线课程、成人教育班,还有一个日益扩展的世界性知识库教人如何制造或修理各种东西——YouTube。每一次故障都可以作为一个学习和赋能的机会。你不会做或者不想做的事情可以请别人代劳,然后跟着学一学。你在解决这些故障方面投入的精力不仅教会你一些东西以备下次之需,而且有助于防止犯错和减少开支。当然,有些东西及时更换比不断修理要便宜得多,但如果你富有好奇心或者想增强能力,抑或只是不愿让后代来处理你的破烂儿,那你不妨上网学习一下。

有一位财务自由人士讲述了她的供暖系统在某年冬天失灵后的故事。三家企业派出维修人员对故障进行评估并竞标，每一家都言之凿凿向她指出问题所在。遗憾的是，他们的诊断和解决方案无一适用！于是她自己展开研究，对着犹如鲁布·戈德堡迷宫①般的供暖管道苦思冥想，得出一个有根据的猜测，然后选择了与其分析最为接近的那家企业，从而为自己节省了数百美元的不必要花费，也免除了施工可能会造成的破坏。通过在一旁观察修理工的操作，她还得以避免了一些代价更为高昂的错误，并通过自己动手完成一些较简单的任务而节省了（昂贵的）时间。典型的工薪阶层也许会为这件事支付比她高出好几倍的费用，却还为自己挣着两份薪水感到幸运，"因为现代社会的生活成本实在太高了"。

6. 预见需求

预先筹划采购可以节省一大笔钱。有了足够的提前规划时间，你可能就会以更便宜的价格买到自己需要的物品。把你预期在未来一年里会需要的东西列出一张清单，搞清楚这些东西的品牌、特点和一般价格范围。使用你喜爱的促销网站、在线零售商或分类广告网站（比如克雷格分类广告网站）的工具，在你需要的商品到货或者降价时接收通知。随时准备抓住机会抢购，那会有助于确保你以折扣价买

---

① 鲁布·戈德堡是美国犹太人漫画家，画了许多用极其复杂的方法来完成简单小事的漫画。人们常用"鲁布·戈德堡机械"来指故意被设计得过度复杂的机械。——译者注

到所需商品，因为许多最划算的优惠在几天、几小时甚至几分钟后就没了。关注重大节日前后的季节性打折，特别是实体店的优惠活动，它们会在当地报纸上做广告。对于汽车、电脑或手机等较昂贵物品，不妨等到明年的款型推出前夕再买，那时你就能以很高的折扣买到今年的款型。只需观察一下你汽车左后轮胎虽然还能用但磨损严重的糟糕状况，或者知道自己下次在什么时候需要搭乘航班，你就能预见到需求。

就短期而言，到街角的便利店购物会很贵。如果预见到需求，比如你晚上会想吃点消夜、牛奶不到周末就要喝完了、卫生纸储备不足等，你就不必跑到街角的便利店去买这些东西了，你可以在超市采购、前往办公用品商店或在上网时顺便购买。这在长远期间内可以省下一大笔钱。

预见自己的需求还可消除对节俭的最大威胁：冲动购物。如果你在 3 点 05 分走出家门时没有预见到需要什么东西，那么，很可能会发生的情况是：你 3 点 10 分站在了街角商店的逢见必买之物柜台前，而你根本就不需要它。我们并不是说你应该只买采购清单上的东西（尽管这对强迫性购物者来说并不是个坏主意）；我们的意思是，你在外出时必须严格保持诚实。如果你在对着一件什么左利手工具或者一件羊绒衫垂涎欲滴的时候自称"我预见自己会需要这个"，那并不是真正的预见，真正的预见是事先想到自己需要某样东西，并且在遇到超级划算的机会时购买。你也许听说过帕金森定律（"工作量不断增加，以填满完成这项工作的全部可用时间"），其推论是："需求不断增加，以囊括你一时冲动想买的任何东西。"

7. 全面研究

　　研究你要买的东西。阅读点评网站和网上买家的评价、评论和评级。确定哪些特性对你最为重要。不要一味迷恋特价而不假思索地挑选最便宜的商品购买，对于你打算连续 20 年每天使用的东西来说，耐用性恐怕至关重要。一个显而易见的省钱之道是在你购买的每一样东西上面少花点钱，但同样合理的是，花 40 美元买一件能使用 10 年的工具而不是花 30 美元买一件用 5 年就得更换的工具，那从长远来看其实节省了 20 美元。多功能性也是一个考虑因素。花 10 美元买一件功能堪比四件 5 美元单品的东西能为你净省 10 美元。一个经久耐用的厨房锅可以（或许应该）取代几种专门厨具（如电饭煲、慢炖锅、荷兰锅①、深油炸锅和意式面专用锅）。因此，如果某件物品是你真正要使用的，在购买时注重耐用性和多功能是一个不错的省钱技巧。但如果这个物品只是偶尔使用，你也许就不想多花钱购买优质产品了。要知道自己的需求是什么、知道市面上有哪些品类在售，这会让你做出恰当的选择。

　　你还可以凭借一双慧眼仔细检查所选商品来评判其质量。一件衣服的接缝密不密？锁好边了吗？面料结实吗？器具上的螺丝拧紧了吗？材质是厚还是薄？家具用钉子、螺丝组装牢固了吗？你将成为一名专业的物质主义者——对物质了如指掌，能够看出一件物品的可能使用寿命，就像林业学者能看出一棵倒下的树的年龄和历史。

---

① 一种带盖的厚壁煮锅，通常用铸铁做成。其实源自英国而非荷兰，是欧洲国家较常见的一种煮锅。——译者注

8. 降低花销

以更低价格买到所需物品的办法很多：

货比三家：决定到哪儿买某样东西要权衡性价比，如便利性、选择范围、对当地经济的支持度以及环境和社会正义方面的考虑。你可能愿意多花一点钱从本地一家独立商店购买而不是从网上订购某样物品，但你愿意多花多少呢？要做出决定，你就得对比价格。不妨使用元搜索站点或者浏览器插件来同时查找多个网站上的售价。对于从网上查不到库存情况的本地商店，不妨打电话问问它们有什么存货、有哪些可以订购以及最低什么价格能卖。许多实体店和网店都接受比价，也就是说，如果附近别的商店或者某些在线零售商的价格比它低，那么它愿意按那个价格出售。如果你在购买后的一定天数内发现相同商品在其他地方卖得更便宜，有的零售商还会返还差价。尤其是就贵重商品而言，善于货比三家可以为你节省数千美元。

讨价还价：在用现金支付时，你可以要求打折。对于有瑕疵的商品，你可以要求打折。即使促销活动要明天才开始或已在昨天结束，你也可以要求促销价。对于已经降价的商品，你可以要求再打点折。如果一次性购买多件，你也可以要求打折。你随时随地都可以要求打折。不入虎穴，焉得虎子。砍价是一个由来已久的传统，任何一件消费品的标价通常都是虚高的。假如你要买一辆新车，你不必再盲目砍价，在网上就能查到经销商的发票成本，往往还能查到他们在那个月里得到的其他激励措施，所以你可以更轻松地以一个公平价格开始讨价还价。我买每一辆新车的时候都曾经给 160 公里以内的所有经销商打电话，每辆车的花费都比标价低 30% ~ 50%。

例如，2017 年，我在一个停车场看到了一辆二手的丰田 Sunrader 露营车。我知道这些经典车型的价值和稀有性（况且我扎帐篷露营的日子已经结束），于是开着它去试驾。它噼啪作响，爬坡十分费劲，但以我对老式内燃机引擎的了解，我完全知道怎么修理它。它泡过水，有一个门锁坏了。我皱着眉头把它开回来。"不，我不想买这辆一堆毛病的车。"经销商问我能接受什么价。我给出半价。"成交！"他说。

从本地五金店到服装商场，不管在哪儿，要求打折总不会有任何损失。前不久我去买新跑鞋就是一个很好的例子。一双 95 美元（建议零售价）的跑鞋放在经理的专用货架上没贴价签。我穿上非常合脚。我问售货员那双鞋要多少钱。"39.9 美元。"他回答。"30 美元行吗？"我问。他查了一下存货，说道："28 美元吧。"我本可以指出，按照讨价还价的规矩，他的还价应该比我的出价要高一点，而不是更低。但我机智地闭上嘴，打开钱包，捡了个大便宜。顺便说一句，这种策略在独立经营的商店最管用，那里的店主有更大的权力当场做出决定。因此，如果连锁店的售价更低，至少可以给本地的独立经营店主一个同价出售的机会。

买二手货：请重新审视你对购买二手物品的态度。我们大多数人都住在"二手"的房子里——别人可能装修了你所住的房子并安装使用了淋浴器、卫生间、冰箱等。新车买到手以后第一年的最大成本是折旧费，平均相当于购买价格的 20%。买一辆已使用过几年或几个月的车能节省好几千美元。

别的东西呢？克雷格分类广告网站和亿贝公司之类的线上市场是寻觅二手商品的好地方。社交媒体应用程序可以充当市场，把有闲置物品的人与有相关需求的人匹配起来。跟汽车一样，新家具也贬值得很快，因此，在克雷格网站上购买光亮如新的沙发或者餐具肯定会让你省下一大笔钱。如果你不愿让人看见你在慈善性质的廉价旧货店购物，那就到城里别处仔细找找。旧货店早已成为时尚购物场所。服装、厨具、家具、窗帘，旧货店里应有尽有，而且你可能会对其中许多东西的优良品质感到惊讶。事实上，把崭新的东西捐给旧货商店是购物狂为过度购买找的理由之一。如果你实在没有勇气到旧货店购物，那就考虑一下寄售店吧，它们的价格更高，但质量也往往更好。

根据我们的经验，旧货店最适合买衣服，而车库大甩卖最适合买家用电器、家具和家居用品。如果你捷足先登（在卖家早上起来还没喝完咖啡的时候就到了），你往往会买到格外划算的东西——除非你因为到得太早而被赶出去。另一方面，车库大甩卖那天你到得越晚，卖家就越急于把东西贱卖出去。

交换市集和跳蚤市场在一些地方仍然存在，在那里你会发现各式各样的人在展示他们要卖的东西：精明的小贩（买家要当心）、各类收藏爱好者，还有希望在横穿美国搬家之前处理掉多余物品的家庭。无论是在车库大甩卖还是在克雷格网站上淘便宜货，务必确保你是在自己真正需要的东西上省钱，而非仅仅因为"太值了！"而积攒更多的垃圾。

俗语说"甲之砒霜，乙之蜜糖"，这句话也启发我们利用"免费回收网"或"零购买计划"，一分钱不花就得到二手物品。翻修房屋时拆除的巨大旧窗户可以成为某个农民的温室建材而不是被送到垃圾填埋场。这些人与人之间的旧物传递网络对双方、对地球都有利。

9. 换个方式满足需求

按照替代原则，要满足需求即便没有几千种也有几百种方式。传统经济学会让你相信，更多、更好或别样的物品可以满足你的几乎任何需求，刷一下信用卡就行了。谁说因为花费不高所以购物就没那么令人愉快？你提振情绪的最好方式是什么？抗抑郁药？跑步？认知疗法？换个环境？看一场有趣的电影？帮助有困难的人？购物疗法？以上哪种最适合你？你是只有一个办法还是有很多办法？当你感到精疲力竭的时候，你会怎么办？休息？锻炼？咖啡因提神？治疗（通过购物或聊天）？看电视？换句话说，需求和我们用来满足这些需求的办法不是一回事。

例如，自由是一种基本需求，但如果"自由"对我来说意味着"旅行"，那么，我真正在追寻的是什么？那个核心需求背后的价值观或欲望是什么？它往往是新奇，是刺激，是摆脱日复一日，甚至让人麻木的日常琐事。它是漫无目的、无所事事的体验，不必遵从目的性。它是了解新的语言、文化、事实，结识新朋友，采用压力较小的慢节奏，在令人耳目一新的观点海洋里遨游，如醍醐灌顶般跳出狭隘思维，品尝新鲜食品，在搭乘航班长途飞行期间专心读一本小说。它是远离城市，抛开那些让我每天的快乐一点点消磨殆尽的会议和决策。

但是，新奇体验一定需要到遥远的地方去寻找吗？记住，替代作为一种节俭策略并不是要降低快乐的等级，而是要确保我得到的正是我所追求的，只不过减少一些花费，或者一分钱都不花。我不是在限制自己，而是在真正关注自己。摆脱日常琐事也许包含放弃严格准则

（允许家里不那么整洁），放弃一些繁重责任（不对请求帮忙的人来者不拒），放弃一些根深蒂固的习惯（比如绝不请人代劳你自己能做的事情）。在汽油价格高企时，更多地在本地四处走走，在一天可达的车程内看看风景。即便是把我的野营车开到160公里以内的某个公园，我也会置身于树林或海边，四周全是诱人的清香和美景。到离家近的地方去探索，还会让隐蔽在你自家后院或院子栅栏另一边的宝藏暴露出来，比如美丽的花园或者邻居的逸事。如果待的时间足够长，你所在地方的细节与乐趣就会变得更加明显。看，替代并不是要剥夺什么，而是让你变得更有创意。

有创意的替代还提醒我们：当我们购买新东西的时候，我们所寻求的是对一种感觉或状态的改变。例如，我们觉得饿了，于是就吃东西来产生满足感。我们觉得孤独，于是加入一个俱乐部或者找人约会来感到有所寄托。我们觉得无聊，于是去看场电影、读本杂志或者旅行一趟来让自己感到充满活力。但我们的大多数需求都不是物质上的！替代原则说："当你想购物时，花点时间追溯到需求所在，问问自己最能满足这个需求的创意还是消费。"多妮拉·梅多斯在《超越极限》（*Beyond the Limits*）一书中一针见血地指出：

人们不需要笨重的汽车，只是需要尊重。他们不需要塞满衣服的橱柜，只是需要自我感觉富有魅力，需要兴奋情绪、花样翻新和仪表光鲜。人们不需要电子设备，只是需要有价值的东西来打发生命。人们需要认同、归属、挑战、认可、爱情、快乐。试图用物质上的东西来满足这些需求，就是建立起无法抑制的欲望，为真正的、永远无法消除的难题寻找并不对症的解决办法。

由此产生的心理空虚是物质积累欲望背后的主要推动力量之一。[4]

替代不是限制，而是解放。它是放弃臆断与习惯，审视现实的丰富多彩，从触手可及的各式各样快乐中进行挑选。

10. 遵循本计划中的 9 个步骤

有几十万人成功地完成了本计划中的步骤。这些人发现，执行所有步骤使他们对金钱和物质世界的体验发生转变。让他们省钱的是这种转变，不是各种小贴士。轻微的购物瘾消失了。自我否定和自我放纵让位于自我意识，而这最终成为一种更大的乐趣。你可以把本计划当作一系列小贴士或建议，也可以通过践行其中的步骤任其发挥魔力。这些步骤是应对金钱与物质的整套策略，通过改变你看问题的方式来改变你的习惯。它们相辅相成，共同鞭策你前进。

省钱的基础知识

从吝啬小气到高明省钱

本书之前的版本有一个章节叫"省钱妙招 101"。但时代变了，有些曾经行之有效的建议不再那么合理了。

此外，博客、播客和 YouTube 上有大批人每天分享新的点子和贴士，关于节俭、简单生活的书也不计其数，内容从花小钱旅行到花小钱烹饪，从居家修理 DIY 到从头开始修建房子，从自己种植食材到自己营建生态村，不一而足。

最后，要记住：你在实际生活中为自己想出的策略往往比别人给出的建议要有用得多。请看下面这个故事：

> 哈利盯着他的挂图，反思他雇用一名保洁兼园丁来整理家务的做法。然而他还没有准备好自己承担一切日常杂务，于是他想出了一个令人惊讶的解决方案。他注意到全家人从来不用那个大餐厅。它跟房子是一体的，所以他们给它配齐了家具，然后就将它抛诸脑后，在家庭活动室吃饭。但随着他培养起全新的 FI 思维，他认识到自己可以进行改装，把餐厅改成单间公寓①。他完成了整修，找到了一对情侣，他们愿意用打理院子和做家务来换取食宿。

这种创造性思维绝不可能在"忠告和贴士"清单里体现出来！尽管如此，稍加指点对于帮助打破旧的模式和促使你展开创造性思考是非常有用的。所以，我们提出以下简单易行的贴士，其中包含现实生活中的 FI 思维实例，它们会帮助你节省金钱、换来自由。

管理欠债和财务

节俭的一个基本原则就是避免欠债。毕竟，你为了让兜里有钱已经受过了工作的牢笼之苦，为什么还要再付出代价，在人生道路上戴着枷锁前行？

---

① A studio apartment，通常一个房间兼做起居室、卧室和厨房。——译者注

有些人（包括我在内）在生活中无论买什么都尽量用现金支付，但那些为大额必需品（大学教育、抵押贷款、汽车）背负了债务的人只要能尽快还清债务也是不违背节俭规则的。

遗憾的是，对许多人来说，最简单的借钱方式（信用卡和薪水贷）也是最具有财务破坏性的方式。你必须用手头现有的余额还清这些以高利率剥削钱财的债务，并在将来彻底对它们敬而远之，这无比重要。你可以为了方便、为了积累信用或赚取积分而使用信用卡，但前提是你能每月还清透支金额。我们说的是每月！如若不然，请使用现金或借记卡。贷款买车和分期付款购买大件也一样，如果有低利率或零利率优惠，而且你能做到按时还款，那就可以考虑。如若不然，请等到你攒够了钱再用自己的钱去买，而不是支付利息和手续费向银行借。

如果你借来的钱让你能够购买一项有增值潜力的资产或提高挣钱能力，那么，这些形式的债务可被视为一种投资。如果你肯定能够按月偿还抵押贷款，并且你所在地区的房地产价格持续上涨（而不是时高时低或停滞），那么贷一笔低息、固定利率的抵押贷款可能会是一项明智的投资，如果你可以在纳税时扣除抵押贷款利息的话就更划算了。然而，许多人不愿有房贷的负累，因此应该找出提前还清抵押贷款的最佳方式。年轻人经常利用助学贷款来获得他们改善生活状况所需要的教育。虽然你可以认为这是对你财务前途的一种投资，但没人希望背负着这个沉重包袱踏入社会。如有可能就争取奖学金而避免助学贷款；若没有这种可能则要尽快还清贷款，并在纳税时扣除这笔贷款的利息。

如果你以这其中不管哪种形式借了钱，至关重要的一点是每月按时还款，否则你的信用评级将受到损害。信用评级低可能会使你无法如愿买房或租房，甚至会导致你为信用卡债务支付的利率上升。

如果在多家信用社和银行注册网银，你应该能够免费办理所有的基本银行业务，甚至可以赚取一点利息。信用社的存在是为了服务于会员，不是为外部股东创造利润，因此它们会对你的存款收取最低手续费用并给予最高利率。无论在哪里办理银行业务，都要避免透支或跳票，因为那通常会产生一大笔费用。不妨使用免费的网银工具来提醒你余额不足、追踪你的开销和自动支付账单。

找个地方住

我们在第三章里说过，住房通常是月度表上的最昂贵项目。城镇化使得越来越多的人住进生活成本高昂的城市，因此在住房方面动点脑筋可以显著降低你的开支。比如，不妨考虑搬到便宜一些的地方或者找个室友（有了社交媒体和克雷格网站，这比以往任何时候都更容易了）。你完全可以保留目前的职业，然后远程办公，也可以考虑换一套小点的房子。1973 年，一套全新独栋住宅的平均面积是 155 平方米。到 2015 年，它就是 250 平方米了![5]问问你自己是不是真的需要那么大空间。虽然 30 平方米的小房子可能不适合你，但稍小一点的房子也许完全可以满足你的需求，而需要供暖、降温和打扫的空间也会变小。不妨考虑住进一个共识社区①，比如跟人合住，那样就可

---

① Intentional community，一种有规划的居民区，具有强大社会凝聚力和团队协作精神，居民通常拥有相似的价值观，大多是为了追求生态永续性。——译者注

以与志同道合的人一起生活，同时也会降低你的开销。如果你认准了一个自己喜欢的小区，不妨考虑找一幢还没进入市场出租的房子。找找房子目前没人住的迹象，比如院子无人看管、邮件无人查收，通过税务局找到房主，他会巴不得把房子租给你。如果你已经有房，可以考虑把闲置房间租出去。如果你想在市场上买一幢新房子，那就考虑买一幢双拼房吧！自己住一边而把另一边租出去，那会使你的房贷月供大幅下降。最后一点，互联网技术让有些人几乎在哪儿都能工作，因此，开房车的全职工作者和办公地点不受限制的工作者（数字游牧民）可以在世界各地美丽迷人的地方生活，花费往往比常年固定住在一个地方要少。

蕾切尔有一份待遇优渥的职业，这份职业和她的许多价值观念不一致。她常常想到自己如果不必每天打卡上班的话能做些什么，但那些好主意往往付诸东流。她发现自己一直在思考另寻出路，一直在设计如何逃离逐渐让人觉得犹如监牢的职业。FI课程给她指明了一条隧道，但让她看到隧道尽头亮光的是她自己的聪明才智。她意识到，她可以搬到自己房子的底层居住而把楼上的卧室租出去，利用租金收入来应付房贷月供。她把这个想法付诸实施，再通过采取另外几个别出心裁的办法，让自己辞掉工作但仍有足够的生活费。

卡拉和理查德都是艺术家，他们找了份公寓管理员的工作。他们住的地方家具齐全，而且免费。他们的通勤费用为零，工作服装是从廉价旧货店买来的适合干粗活穿的衣服。另外，他们还每月有一笔收入。这一切意味着他们可以放弃主业，把更多的时间投入艺术。

四处走走

想想看，在人类历史的几乎全部时间里，人们都是步行或乘坐由其他动物拉动的车。逐水草而居的游牧让位于农业文明之后，大多数人在有生之年从未到过离家 16 公里以上的地方。内燃机是 19 世纪 60年代才出现的，当时尼古拉斯·奥托首次为当今汽车使用的那种引擎申请了专利。那不过是 150 年前的事而已。现如今地球上也并非人人拥有汽车。人们习惯于四处走走，但推动我们环游世界的是我们充满好奇的大脑，而不是装了引擎的车辆。所以，我们不妨看看在短暂的一生中怎么能够在出行上面少花点钱。

对大多数人来说，汽车是仅次于房子的第二昂贵财产，拥有一辆汽车的年度花费很高，包括保险、登记、保养、维修、汽油和折旧。如果你必须拥有一辆车，那就买一辆性能可靠、省油节能的车，好好保养，尽可能多用一段时间。这差不多比买一辆新车要便宜，即使从长远来看也是如此。可以想办法少开车，以减缓其磨损。不妨参加拼车，搭乘公共汽车，住到上班地点附近，如果可以的话有些时候在家办公，外出办事时步行或骑自行车。问问雇主你能不能每周工作 4天，那样可以减少你的通勤成本，并让你不必在交通高峰时间上路。住在城里的人除了拥有汽车之外还有很多别的选择，包括公共交通、共享汽车（包括点对点模式和车队经营模式）、共享自行车、按需用车服务、出租车和传统租车。选择余地这么多，再加上停车成本不菲，在大城市里，不买车往往更省钱，也更方便。即使不住在大城市，你也可以看看能不能找到办法避免拥有第二辆车。你会省下一大笔辛辛苦苦挣来的钱，也许还会发现其他的好处。

　　罗斯玛丽算了算吓一大跳，毅然卖掉了她仅有的一辆车。她所在的城市有一个共享汽车合作社，她加入进去，以便每周一次，到五金店、杂货店和其他商店采购囤货。她算了一下，每月一次到乡下度周末加上每周一次采购，租车的花费比拥有一辆车的保险、登记、月供、保养和维修费用要少得多。有时，她可以说服一个朋友跟她一起（开朋友的车）去露营，除了享受大自然之外还增添了有人陪伴的好处。她承担汽油费，这样的话，两人结伴出游的快乐加倍而费用减半，真是一笔好买卖。

　　作为一名房屋装修工人，特德觉得他多拥有两辆车（一辆旧皮卡和一辆破车）是有道理的，可以用它们把工具和材料运到装修地点。这两辆车在公开市场上值不了几个钱，所以他想当然地认为留着它们更划算。其实不是这样。他在制作月度表的过程中看出，拥有并维护这些备用车辆虽然便利，但代价高昂。在计算了新变速器、保险和牌照的费用后，特德发现，在有需要的时候，他可以用更少的钱再租一辆卡车。于是他卖掉了两辆多余的车。

照顾好身体

医药费是极高的，所以，无病无灾既对身体有好处也对钱包有好处。保证基本健康的最好办法是健康饮食、坚持锻炼、好好休息和减少压力。虽然新的医学研究成果不断出现且似乎总是与之前的研究成果有冲突，但请及时了解公信度高的健康建议。预防是关键。充分利用你所买的健康保险的附带服务，包括预防性问诊和检查、生活指导、心理健康检查和健康俱乐部会籍。有些雇主还提供储蓄账户让职工储蓄、投资和使用税费收益来支付符合规定的保健费用。如果你要花钱给自己买健康保险，请慎重购买，先看看你是否有资格享受什么国营的、比较实惠的方案。如果你总体上健康状况良好，你就可以选择免赔额较高而保费较低的健康保险，那有可能给你省钱。平时注意预防还能避免最昂贵的就医方式：急诊。将疾病扼杀在萌芽状态，你就能同时将灾难性的医疗费用扼杀在萌芽状态。

如果你没有健康保险，那预防和对比选购就更重要了。留意健康宣传活动，在那里往往可以免费或者以极低的费用获得基本的验血和体检。如果你的牙齿需要护理，不妨考虑前往你所在地区的牙科学校，那里的牙科学生往往护理技术出色，而收费与常规费用相比微不足道。另外，请记住，许多医生在多家医院坐诊，你要弄清楚你的医生在哪些医院坐诊并选择价格最低的那一家。你会惊讶于各家医院的日常收费和手术室费用竟有天壤之别。

由于美国的外科手术和健康保险费用很高，每年有上千万人到其他国家去做昂贵的手术。"患者无国界"（Patients Beyond Borders）等组织能帮助这些医疗游客在别的国家找到他们需要的服务，费用往往比美国境内相同手术要低20%～90%。不过，千万要小心。如果你一回国就出现并发症，那你恐怕就不得不按国内价格花钱求助，从而抵消你省下来的钱。在踏上这趟旅程之前务必研究清楚。

分享/交换

研究一致表明，通往幸福（和节俭）的途径之一是参与社区活动。融入社区和节省金钱的一条捷径是分享你的东西，正如我们在前面说过的汽车共享，可租可借。现在有专门为中介交易设计的系统，如替代性本地货币、看护合作社和时间银行。小区群发功能可创建附近区域互助网络。有了时间银行，人们可以进行时间交换，比如帮人理发可换取陪同去医院或帮忙修电脑。想一想你拥有什么技能，又需要什么服务。要有创意！分享是一种双赢，而且在这个过程中你会获得社区归属感。

吃喝

不管我们变得多么节俭，几乎所有人都不得不至少花一部分钱在食物上。一旦开始追踪记录开支，你就会发现外出就餐有多么费钱。挤出时间在家里做饭，甚至以这种方式招待朋友，那肯定会既省钱又有利于健康。如果你习惯于购买有机食材，那么开垦一片菜园可以帮助你降低食材成本。

在食品杂货方面省钱的方法很多，有的显而易见，有的则不然。显而易见的小贴士包括：列一张单子并照做，了解本地商店有什么特价商品，剪（或上网领取）优惠券，避开方便食品，批量购买。吃当季食品也能省钱。别执意要在2月份吃桃子、9月份吃草莓，能让你显著降低食品杂货费用，同时享受更美味且更可持续生产的食物。大多数人每周食品杂货采购账单上的最贵项目是肉、酒和咖啡。仔细琢磨你对这些东西的消耗，看看你能不能把它们减少，或者想点办法以更便宜的价格买到它们。迈克尔·波伦用简明扼要的 7 个字总结出餐饮规则："别多吃，植物为主。"这促使人们反思吃肉习惯，更多地把肉类当作调味品而非主菜。考虑和朋友或邻居组织团购来节省许多主食的花费。

我们只认可商店里卖的食物，却意识不到周围的天然食物俯拾皆是。你可以征得同意，到农民的园田里捡拾散落的作物，问问邻居是否介意你拿走他们多余的水果，或者吃野生灌木结出的浆果（在太平洋西北部地区，遍地生长的黑莓让所有人都吃得津津有味）。好食物，好社区——而且免费。

通信和娱乐

看看你每年把多少钱用于购买手机话费套餐、流量包、有线电视和家里的互联网（也许还有那个备用的老式固定电话?）、音乐和视频流服务订阅、喜欢的付费新闻网站，甚至一份报纸和几本杂志。曾经相对简单的事情现在变得非常复杂，且非常昂贵。我们怎样才能既控制住这个怪兽又依然得到需要的东西呢?

首先，如果你办理了传统的、昂贵的合约期手机套餐，那么，别再续费。有些手机套餐可以只花你现有套餐的四分之一费用，如果你一家人都用手机，那一年能省下数千美元。按量付费意味着你不必为自己并不使用的时间或流量付费。如果你每天的大部分时间要么在家要么上班，而这两个地方都有无线网络，那就把移动数据关了，只在需要的时候打开，并用互联网即时通信和呼叫应用程序取代电话和短信。无合约套餐可让你货比三家，找到其他更划算的套餐就变更而不必交违约金。允许你自带设备的套餐意味着你可以购买二手手机，去年的旗舰款手机现在会降价好几百美元。如果你不追求最新款，一部状况良好的旧智能手机只需100美元左右就能买到。假如你还保留着一部昂贵的固定电话，那么，一旦手机已成为你日常生活的一部分，就把这部固定电话处理了吧。

电视和电影呢？不妨以"断线族"为楷模，这些人发现，他们完全可以取消昂贵的有线电视或卫星电视订阅套餐，改为老式的地面广播电视（OTA）天线与流媒体服务相结合。一根OTA天线就能让你收看本地电视频道，其图像和声音质量超过有线电视和卫星电视（取决于你所住地区），而且免费！可选看的免费流媒体内容很多，你可以随时租一部电影或电视剧作为补充。如果你坚持要订阅一项付费流媒体服务，那就做点调研，设法选择一项最适合你需求和品位的。流媒体音乐服务也一样。

尽管用付费订阅来支持你所关心的新闻网站、杂志和报纸很重要，但一定要考虑其成本，尤其是如果那些信息和观点在其他地方基本都能免费获取的话。至于印刷品，如今公共图书馆里的资源比上一代人的时候更丰富了。一个图书馆能轻而易举地从本地系统里的其他图书馆调取图书，因此你能借阅的图书选择范围大增。大多数图书馆还新添了数字服务，你从家里就能借阅可下载的电子书和有声读物。这一切对你都是免费的，因为你已经用税金付过钱了。

外出度假

　　随着你对金钱的处理变得越来越清晰、生活变得越来越令人满意，"休假"的需求就没那么大了。不妨考虑在离家比较近的地方舒缓一下身心。你甚至可能会乐于在自己家里度个假——"宅假"。鉴于你为买下或租下住所而付出的工作时间，你有权放松心情，享受一个星期。如果你实在想外出度假，那么，随便换个地方就行——离家五公里或五百公里都叫"外出"。认真想想你的真实需求是什么，你也许会发现，一日游或在后院新添一个（二手）吊床跟传统的外出游玩几天一样令人心满意足。露营也是逃离、放松和体验大自然之美的一种经济实惠的方式。

　　如果你决定去更远的地方旅行，那穷游的办法也多得是。如果要搭乘飞机，请使用最有效的旅行搜索引擎找到最便宜的票价。在日期、时间和地点方面灵活变通，并订阅能发布鲜为人知、高折扣航班信息的站点和价格提醒。这些费用很可能会比正常价低一半。如果你自律性强，就可尝试旅行攻略——或开或停几张信用卡以便累计航空公司里程、酒店积分或现金。至于住宿，可以考虑当沙发客、住民宿和住青年旅社。和住酒店相比，这些方式能让你与当地人或其他旅行者建立起更多友情。你也可以试试加入世界有机农场机会组织，志愿到一个有机农场或永续农场劳动来换取食宿。无论到哪儿，你都要避开旅游陷阱，在当地人就餐的地方吃饭，尽可能步行或使用公交，你会对所到之处有更为真切的体验且花费更少。

　　如果你想去一个富有异国情调的地方旅行，那个地方说不定有人认为你的家乡富有异国情调。有些度假网站可提供中介服务，让你能和别人换房居住，你可以用罗德岛的普罗维登斯换法国的普罗旺斯，也可以考虑以志愿者身份参加科研或服务团体的活动作为度假。住在村子里帮助修建一所学校或者找到某种疾病的治疗方法，那比急匆匆四处购物、拍照、买工艺品、摆出高高在上的姿态要强得多。你可以帮人看房子，有网站专门为此牵线搭桥。

有些聪明的财务自由人士实际上每年有一部分时间在消费水平较低的国家生活，不必回去工作就能补充略显单薄的资金。住房、交通和食物等大项开销都要便宜得多，此外你能还获得尽情融入当地日常生活的旅行乐趣！

保护你所拥有的

随着践行本书里的步骤，你必然会成为一个意识更加清醒的消费者。这项技能会适用于你的任何一种采购活动，但在涉及买保险的时候格外重要。在这方面花钱之前，一定要弄明白你买的是什么。例如，以你名下汽车的当前报价和车况，你有必要上全险和碰撞险吗？你会给即使被盗也绝对无可替代的传家宝投保吗？如果没有要抚养的人，你真的需要人寿保险吗？仔细检查你的每一份保单，确保你获得了最大价值。如果你对保单不甚明了，一个有信誉的保险业务员应该会非常乐于向你解释。

凯茜和兰登在制作月度表和进行月度评估时，面对房屋保险这一项犹豫了。他们每月花 6 美元为凯茜祖母留下的一些传家珠宝投了保。他们运用 FI 思维意识到，这些无价之宝是他们根本无法找到东西替代的，他们也绝对不想替代。这些宝贝的特殊之处在于它们与过去的关联。所以，每月花那6美元有什么用？是抚慰金吗？兰登凡事都喜欢搞个明白，他计算了一下在他们按计划实现财务自由的时候每月需要多少本金才能有6美元的利息。这个数字（1000美元）很有说服力，他们放弃了这笔保险。

说到放弃保险，艾琳和昆廷一分钱都还没花就放弃了。他们研究了一下长期护理保险的成本，以防到了晚年钱不够花，但这笔花销让他们三思。结果，他们选择了通过"就地养老"来自保和降低风险，而所谓"就地养老"就是待在家里并保持健康、与人交往和身心活跃。由于没有孩子，他们选择了住在一个大型的多代人共同居住的社区里，在那里他们即使最后坐进了轮椅也会生活无忧。

迈克尔·菲利普斯和凯瑟琳·坎贝尔的《简单易行的养老生活投资》（*Simple Living Investment for Old Age*）[6]一书打破了变老就是衰朽的错误观念，提出了既活得长又活得好的四条计策。第一条是积极追求健康（不甘于当一个整天吃药、依赖保险的老年人）。第二条是结交新朋友，尤其是年轻的朋友，并参加社区活动——这两点会每天提醒你记得自己是活着的、有价值的。第三条是精简财产，同时，把内在和周围不可避免的变化视为下一次冒险而非最后一根稻草。最后一条是进行传统投资，比如拥有一幢房子；有足够但无多余的收入。他们的建议提醒我们：保护你所拥有的东西。无论是汽车、房子还是身体，都与"更多就会更好"无关。有些东西保护起来太耗费时间、精力和金钱，不值得。仔细抉择哪些是必须保护的，以及如何保护。

请思考如何优雅而节俭地变老，这在什么时候都不会太晚，也不会太早。

抚养子女

据美国农业部估计，普通美国家庭抚养一个孩子到 18 岁的花费（不包含大学费用）超过 23 万美元。尽管数字惊人，但仍有大批财务自由的家长成功地降低了这些费用。

一般来说，父母要做出生活节俭的表率，这一点很重要。如果你节制开支，孩子几乎都会以你为榜样。如果孩子有抗拒情绪，你可能会想给他一笔高于正常情况的零用钱，但要解释清楚这笔钱必须用来买衣服和其他必需品。许多财务自由人士表示，当孩子意识到他们必须花自己的钱去买想要的东西时，他们很快就变得节俭和有创业精神。

家长认为大量的户外活动比较危险，或者出汗太多，所以常常让孩子去看电视、玩电脑。让孩子接触大自然有诸多益处，而且基本上是免费的。培养对户外活动的热爱是一份终生受用的礼物，而向孩子馈赠这份礼物的人越来越少。

另一个小窍门是在亲子时刻尽量以创意代替金钱，包括规划生日聚会（自制蛋糕以及土豆布袋赛跑和扔水气球等老式游戏既有趣又省钱）和万圣节活动（手工制作服装很有意思，而且更令人难忘）。如果你已经尝试了各式各样的创意但孩子仍然想要一些你其实不想买的东西，那你不妨提议过几天再说。一时的兴趣爱好大多如此——它们只是一时的。但是，如果孩子不断向你索要某样东西，你就知道那可能是一个合情合理的愿望了。此时你们就可以一起商量要不要以及如何最终让孩子来支付这笔费用。

服装交换和赠送可以将幼儿服装的费用降到很低。穿旧衣服现已超越了家庭界限，在线分享网络和妈妈团体为互赠自家孩子穿上太小了的衣服提供了便利。这也适用于全套婴儿用品——婴儿床、玩具、婴儿浴盆等。

现如今，约会之夜请人临时照看孩子（哪怕请来的这个人比孩子大不了多少）比外出就餐的花费还要高。不妨找到另一对有年龄相仿子女的夫妇，尝试每周进行一次约会之夜交换。你一个星期帮他们照看孩子一个晚上，下个星期他们帮你照看孩子。你每隔一周就能约会一次，不必花钱请人临时照看孩子，而且孩子们可能会很高兴每周都可以跟朋友一起玩耍。

然后还有抚养子女的最大一笔开销：上大学。《笨人的节俭生活》（*Frugal Living for Dummies*）一书中有大量篇幅讲述如何降低大学费用，其中的建议包括：让孩子参加美国大学预修课程（AP）或大学水平考试计划（CLEP）的考试，以便提前获得大学学分从而更快地读完大学。这些考试的费用不到 100 美元，却能每学分省下数千美元。如果有足够的学分，甚至可以一进大学就读二年级。孩子还可以先上两年社区学院（其好处是学费较便宜），然后转到四年制大学读到毕业。"起跑"计划允许学有余力的高中生在毕业前完成最多两年的大学学业，这样一进大学就具备三年级水平。

　　凯茜和兰登节约了两个孩子的大学花费。他们心想："我们为了让他们上心仪的大学就得再工作 10 年，这有道理吗？"最后，他们决定给孩子们出学费上一所四年制州内大学。如果孩子们想上外州大学或常春藤盟校，他们就得自己挣差额，要么打工要么申请奖学金。

提前几年就告诉孩子，在选择申请哪所大学以及能上哪所学校时，经济上的可承受性将是一个关键因素。节俭生活方式暗藏的一个好处是，较低收入和较少资产使你有资格获得更多的大学资助。财力雄厚的私立大学会根据需求提供足够的资助使其费用与公立大学相当，有时甚至更低。知道了这一点，你就可以使用大学的净价计算器来大致了解每所学校可能提供多少基于需求的资助，以及其中有多少是采用助学金和勤工俭学的形式、有多少是采用贷款形式。事实也许会证明常春藤盟校提供的教育对你来说最便宜，前提是孩子的分数达到录取线！

该扔的就扔

当然，如果你正在执行本计划，你拿进家里的东西就很少会成为垃圾再被扔出去。许多人在开始改造与金钱的关系时通过庭院售物挣了不少钱，他们把在第一步清点库存时发现的无用物品都处理掉。有的人把无用物品挂到在线拍卖网站，或者捐出去（在此过程中获得税收减免）。

厨余垃圾可以埋到花园，倒进堆肥桶，或者喂虫子，这样做可以肥沃土壤。在较富裕的国家，轮胎以及纸张、铝、钢、玻璃和废纸板都可以回收利用。有些城市（比如纽约）甚至制订了食物垃圾堆肥计划。

共享在这里也适用。有一个公寓租户不单独支付垃圾清运费，而是替邻居承担每年垃圾清运费中的一个月费用。她每周把一小袋垃圾送到邻居这里等候清运，还帮忙把垃圾桶送出去再拿回来。

在垃圾清理方面能省下的钱或许会非常微薄，但要不断想办法变废为宝。地下室里积满灰尘的杂物中说不定就有值钱的东西，不信的话可以对它进行价值评估。

送礼物和庆祝节日

在很多人看来，送礼物是表达爱意的重要方式。然而，你完全可以降低礼物成本却丝毫不减轻礼物所蕴含的感情。第四步里的问题3有助于揭示可选择方案。如果你不必为了"谋生"而工作，你会送不同（且更便宜）的礼物吗？在我们的文化中，最重大的礼物馈赠时节是圣诞节。如果节日庆祝活动让你觉得铺张浪费，不妨把庆祝规模限制到你和家人认为合适的程度。比尔·麦吉本的《百元假期》（*Hundred Dollar Holiday*）[7]一书在这里可能会有帮助。有些人会答应在圣诞节送给孩子一件或最多三件玩具，并让他们自己选择想要什么。

艾米和吉姆在圣诞节那天观察到了满足感曲线，之后就采取了这个策略。第一份、第二份和第三份礼物都引起了惊喜的尖叫，在那之后就走下坡路了。孩子们不能尽情玩他们拥有的东西，而是不得不一件接一件地拆礼物。到最后，他们都累了，脾气暴躁，对什么都提不起兴趣了。

其他送礼物的点子（全年适用）包括送服务（比如按摩、照看孩子或在家设宴），而非实物。你还可以趁车库大甩卖时买礼物，留待合适场合送出。"转送"的做法如今比以往任何时候都更受社会认可，无论是你收到不能用的礼物还是你在车库大甩卖中新买的物品，都可以往外转送。（不过，千万别把礼物再转送给当初把它送给你的那个人，我的一个朋友前不久无意间干了这么件傻事，为此非常懊恼。）最后，无论是崭新的还是二手的节日礼物，回收利用的一个妙计是组织"秘密圣诞老人"聚会，参加聚会的每个人都带来一份包装好的礼物相互交换。

随着"向所有人表达善意"的时节——圣诞节的临近，厄休拉情绪低落。父母、兄弟姐妹、姻亲、侄女和侄子加到一起，她需要买 20 多份礼物。经过一番深思熟虑，她发现自己必须做出抉择：要么保持自己的偿付能力和理智，要么一如既往"按老规矩办"。她深吸一口气，给每个家庭成员写了一封信表达对他们的关爱，同时阐明了既不送也不收圣诞礼物的愿望。她做好了遭到反抗的准备，但得到的却是尊重。顺便说一句，厄休拉还自己操办了婚礼，发动了她的众多朋友来准备饮食、招待客人甚至主持仪式。

你可以参考一些"忠告和贴士"，其中最重要的一条就是厄休拉所做的：观察现实，向自己如实说出想要和需要的是什么，并以诚实和尊重的态度打破常规。这不是省吃俭用，这是聪明机智的做法。无论什么时候，想做什么就做什么而不计后果，这样的愿望似乎是

"自由世界"里的一股基本潮流。但正如我们所看到的，这样的自由往往代价高昂，而理智往往能为你节省更多的金钱，从而解放更多的时间。

找伙伴

践行这些节俭策略的人都知道，在你发现新的节约之道时，生活会变得更加有趣、更加愉快。最起码，你有了吹牛的权利……前提是你幸运地找到了与自己有着相同价值观念并钦佩你有办法的人。这样的伙伴可以鼓舞你的情绪、提升你的技能，单打独斗则会让你在鼓励铺张浪费的社会里感觉自己像个怪胎。如果你想改变但伴侣（还）不想改变，那你或许可以找志同道合的人或团体来支持和鼓励你。幸好，有博主和践行者组成的全球"财务自由，提前退休"群体，再加上不计其数的网上和当面联络方式，现在远比从前更容易找到志同道合的朋友和爱人。

　　安·黑比格和弗雷德·埃克斯是在一个简单生活网络论坛里认识的，他们的节俭价值观念以及对生活的渴望都不谋而合。但情况并非总是如此。弗雷德拥有计算机科学硕士学位，年轻时"消遣品"成堆、债务累累，同时他也厌倦了整天疲惫不堪的生活。就在那个时候，他读的一篇文章里提到了本书，于是买了一本。在花了一个周末的时间读完这本书后，他下定决心彻底告别有偿就业。当时他27岁，到35岁时，他已经"退休"且"过着有品位的简朴生活"。这期间，他卖了房，离了婚，开始在旧货店里购物，住着租来的房间，自己动手做饭，并逐渐越来越多地享受生活——旅行、航海，甚至到欧洲的一家环保组织工作（薪水是原来的三分之一，乐趣却加倍）。安多年来一直试图实现她的环保价值观念，但一次又一次地为了钱而成为一个无聊的"网络从业人员"。本书以及后来认识的弗雷德证实了她的感觉：生活可以有所不同。她不断地削减开支，积攒的钱越来越多，现在她只做一点兼职。她和弗雷德住在旧金山的一艘船屋，他们一起旅行，并志愿帮助其他人思考自己的金钱生活。她说："我现在做事基本都是免费的。我有时间进行铁人三项训练、宣传骑自行车、练习弹吉他。我们已经5年不开车了，但现在我们买了一辆车，这样我们就可以去更远的自行车道。弗雷德也偶尔参加赛事工作挣点钱，但这并不是出于经济上的需要。因为有共同的价值观，我和弗雷德的感情很牢固，也有时间陪伴对方。生活很美好！"

弗雷德和安敏锐地意识到了我们的消费会对地球产生影响，他们在进行消费抉择时牢记这一点。这让他们问心无愧，同时降低了他们的消费水平。

省钱即是拯救地球？

省钱与拯救地球之间有关联，这并非匪夷所思的巧合。事实上，从某种意义上讲，你的金钱就是地球。下面就解释为什么。

金钱是地球资源的抵押留置物。每当我们在某样东西上花钱，我们不仅仅在消耗金属、塑料、木材或该物品本身的其他材料，还在消耗采掘这些材料、把它们运给制造商、对它们进行加工、组装产品、把产品运给零售商以及把它从商店带回家所需的全部资源。任何商品（比如一台新电脑）的价格里都多多少少包含了所有这些活动及其成本。还有不包含在价格里的环境成本，也就是经济学家们所说的外部影响：污染和浪费。我们以其他方式为其付出代价，包括肺病、癌症、呼吸系统疾病、荒漠化、洪涝等。归根结底，每次我们花钱都是在投票表明自己想给子孙后代留下一个什么样的地球。

金钱是地球生命能量的抵押留置物。我们称之为"波戈经济学原理"，即卡通人物波戈眼里的经济学。波戈对 1970 年设立地球日的贡献是，他断言："我们遇到了敌人，那就是我们自己。"地球被污染的原因并不神秘，是我们对更多、更好和不一样的东西的要求造成了地球上的污染。

现在，我们可以有所作为并在这个过程中使自己受益。创造性节俭是双赢，既对我们的钱包有利又对我们的世界有利。

这一切的目的并不是要把你送到沙漠里去吃浆果、身披无花果树叶。特别重要的一点是记住那句咒语：不羞愧，不责怪。我们都降生在一个要生活就要消费的世界里，通过消费来获得幸福快乐既顺理成章，也大有裨益。为了使环境保持生机，我们大家恐怕都需要做出一些改变，而那种改变要求我们使现有习惯发生一些慎重的、勇敢的变化。何必等待？现在就开始带着这些问题生活吧。你会看到，在许多方面你都可以选择无污染的乐趣并获得双重满足感——一重为自己，一重为地球。事实上，享受大自然、感受你与一切生命之源——大地斩不断的关联是最美妙的乐趣之一。

如果你想弄明白如何在拯救地球的同时省钱，有许多优秀的书籍、博客和网站可以利用，它们能帮助你根据我们目前对人类如何影响生态系统的了解来重新评估你的个人生活方式。从图书馆借书就是拯救一棵树的好方法。

关键是要记住：凡是你买了并不使用的东西，凡是你扔掉的东西，凡是你消耗了却并未产生愉悦感的东西，那都是浪费金钱，是浪费你的生命能量、浪费地球上有限的资源。对生命能量的任何一点浪费都意味着在激烈的竞争中输掉更多的时间，而那就是"求死"。节俭是对践行者和地球都有益的生活方式。

一千零一个省钱妙招

在坚持制作月度表一年以后，你的 15 ~ 30 个支出类别下会有总共大约 1001 个条目。从苹果到百日菊，你很有可能在每一项采购上都可以少花点钱而不降低产品质量或你的生活质量。能向你指明道路的是对生命能量的尊重态度，不是对他人节俭生活秘诀的效仿。你会为自己省下的钱而感到兴奋，丝毫不亚于淘到便宜家具和接受赠品来布置家所带来的兴奋。赋能来自你的聪明才智和寻找节俭策略时的创意，这就是为什么我们称之为创造性节俭。所以，你面前摆着一张白纸，请写出你自己花小钱过好日子的一千零一条小贴士。

一百万零一个省钱妙招

请关注一下你的想法。练习冥想的人都知道，我们两只耳朵之间的灰质就像一只狂躁的猴子，以每秒钟至少一个的速度源源不断涌出互不相干的想法。只需短短 11.6 天，你就会有 1 000 001 个想法，其中大部分都与欲望有关。我想要这个，不想要那个；我喜欢这个，不喜欢那个。佛说，欲望是一切痛苦之源。它也是一切采购活动之源。若明白自己接下来会有 1 000 001 个欲望，你将有 1 000 001 次机会不把钱花在不能带来满足感的东西上。广告不能使你购物，别人的期望不能使你购物，电视不能使你购物，只有你的想法能使你购物。要当心那些花言巧语，它们对你的钱包、对其他很多东西来说是危险的。

行动清单：花钱之前要三思

1. 别去购物。

2. 量入为出。

3. 爱惜所有。

4. 用坏为止。

5. 自己动手。

6. 预见需求。

7. 全面研究价值、质量、耐用性、多用性和价格。

8. 降低花销。

9. 换个方式满足需求。

10. 遵循本计划中的 9 个步骤。

第六步提要

通过重视生命能量和增强在花钱时的意识来降低月度总支出。学会在选择时注重生活质量甚于注重物质水准。

"金钱观"讨论

要想在设法降低开支的同时增添满足感，固守个人主义是不行的。要从这些交谈中获取有益的态度和实用的建议，同时体会消费主义是如何让我们癫狂的。

利用后记里关于如何开展"金钱观"的讨论的建议，日常与伴侣或朋友闲谈时不妨提出以下问题。记住，无论哪个问题，在末尾加上一句"为什么"会让它更有深度。无论哪个问题，补充一句"我给出的答案对社会有何影响"会让它更有广度。答案无所谓对错。

- 你想通过自己拥有的东西或消费方式来打动谁、取悦谁？
- 你是怎么节约的？在哪些方面？你对此感觉如何？
- 谈谈你拥有的一件心爱之物。你喜欢它什么？
- 向我们讲一讲你的购物经历，说说你在哪儿购物、感觉如何、买了些什么。
- 你的逢见必买之物（不买绝不罢休的东西）是什么？
- 你最后一件真正用坏了的东西是什么？

第七章

重新定义工作：
既可谋生，又是爱好

在第六章，我们谈到了通过增强花钱时的意识来珍惜生命能量。在这一章，我们要谈的是通过观察你如何合理运用时间来珍惜生命能量。出售你最珍贵的东西——生命是否换来了充分的价值？工作对你有助益吗？

有时候，为了弄清真相，你必须对显而易见的事情提出质疑。我们在本章要探讨的问题是："什么是工作？"普遍看法是：工作就是我们为了谋生而做的事情。但这个定义剥离了我们的生活。我们当中有的人把职业看得重于一切，忽视生活的其他内容；有的人默默忍受工作的辛苦，在晚上和周末进行补偿；有的人在家工作，永无休息时间；有的人在零工经济中兼职多份工作，但自雇者（给自己打工）会消耗掉醒着的每一小时；有的人热爱自己的工作，或者曾经热爱过并希望重燃这份热情，却发现个人愿景受制于董事会、监事、出资人或投资者。当"工作 = 你为挣钱而做的事情"时，那就意味着我们在空闲时间做的"工作"不太有价值。我们不珍惜生命能量，对于做出改变往往感到无助。我们现在要探讨的是：我们对工作本身的定义是不是有问题。

无论是在工作中还是在工作之外，你对生命能量利用得如何？你的职业是否在消耗（榨干、毁掉、浪费）你的生命？你是否热爱生活，善待工作中和工作之外的每一小时？我们在第二章里说过，生命能量十分宝贵，因为它是有限的、无法挽回的，因为我们对于如何使用它的选择体现了我们在人世间的生活意义和目标。到目前为止，你

215

已经学会了使开销与满足感和价值观保持一致，以此珍惜生命能量。现在你要学会为你在工作中投入的时间获得最大限度的补偿——无论是用爱还是用钱，以此珍惜生命能量。

什么是工作？

就跟金钱一样，我们关于工作的概念由相互矛盾的信念、想法和感受拼凑而成，它们来自父母、文化、媒体和我们的生活经验。以下引语突显了我们对工作的各种不同定义之间的冲突。

20 世纪著名经济学家 E. F. 舒马赫说：

> ……人类工作的三个目的如下：
> · 第一，提供必需和有用的货物和服务。
> · 第二，让我们每个人都能运用从而日臻完善自己的天赋，比如当个好管家。
> · 第三，借此为他人服务并与他人合作，以便我们摆脱天生的自私自利。[1]

已故经济学家罗伯特·西奥博尔德告诉我们：

> 工作就是人们不想做的事情，金钱则作为奖赏用于补偿工作带来的不愉快。[2]

斯塔兹·特克尔在其《工作》①（Working）一书的开头这样写道：

这本关于工作的书就其本质而言是关于暴力的——既是对身体的暴力，也是对精神的暴力。它涉及溃疡和事故，涉及争吵和斗殴，涉及神经崩溃和踢狗狗撒气。最重要（或者说最起码）的是，它涉及每天的屈辱。对于我们当中的许多轻伤员来说，熬过一天就是胜利……它还涉及追寻，追寻一日三餐，也追寻日常生活的意义；追寻现金，也追寻认可；追寻惊愕，以免于麻木。简而言之，追寻一种生活，以免于从周一到周五形同行尸走肉。[3]

另一方面，诗人纪伯伦告诉我们："工作是眼睛能看见的爱。"[4]

什么是工作？它是福还是祸？是苦还是乐？我们的任务是要重新定义"工作"，一如我们重新定义金钱，具体办法就是看看我们关于工作能说出哪些始终正确的论断。

工作观念的演变

我们先来简要回顾一下"工作"的历史，因为鉴往知来，通过回顾历史，我们能找到新的机会来塑造自己的个人历程。我们的工作概念从何而来？我们为什么要工作？工作在我们的生活中占据什么位置？

---

① 有中文版本译为《美国人谈美国》。——译者注

每日最低工作量要求

生而为人，我们都必须做些工作来维持基本生存，但要从事多少工作呢？工作量有"每天最低要求"吗？从狩猎－采集文化到现代历史的种种课题研究成果认为，成年人一生的这个数字约为每天3小时。

《石器时代经济学》（*Stone Age Economics*）一书作者马歇尔·萨林斯（Marshall Sahlin）发现，在受西方影响改变其日常生活之前，居住在卡拉哈里（Kalahari）的昆人（Kung）每周狩猎两天到两天半，平均每周工作 15 小时。妇女每周采集食物的时间长度也大致相同。事实上，一天的劳动所得就可供应一名女子全家人接下来 3 天的蔬菜所需。一年到头，男人和女人都是工作几天再休息几天，玩玩游戏，拉拉家常，筹划仪式，相互串门……看起来古时候的一周工作时间比现如今银行家一天的上班时长还要短。[5]

这说明，我们为了生存而必须用于工作的时间就是每天 3 小时。可以想象，在工业化以前的时代，这种模式是合情合理的。那时，"工作"与天伦之乐、宗教庆典和娱乐玩耍相互交融，生活更为完整。后来，"节省人力"的工业革命来临，生活被划分为"工作"和"非工作"两部分，而工作在普通人的一天时间中所占比重越来越大。

在 19 世纪，出于对工作时间太长的正当反感，"平民百姓"开始争取缩短每周工时。工人权益的捍卫者称，减少工时有利于减轻疲劳、提高生产率。他们说，减少工时其实是工业革命日臻成熟的自然表现，那些积极学习，受过良好教育同时有参与精神的公民将使我们的民主得以维系。

但这一切在大萧条（Depression）期间戛然而止。[6]一周工作时间本已从世纪之交的 60 小时急剧下降到大萧条时期的 35 小时，此后对许多人而言固定在了 40 小时，最近几年上升到一周 50 甚至 60 小时。为什么？

生存、自由和追求薪金的权利？

在大萧条时期，空闲就等于失业。为了提振经济、减少失业，新政（New Deal）① 规定一周工作 40 小时，万不得已时由政府招录用人。工人们接受的教导是：要把就业而非休闲当作他们的公民权利（生存、自由和追求薪金？）。本杰明·克兰·亨尼克特（Benjamin Kline Hunnicutt）在《工作无止境》（*Work Without End*）一书中阐述了"充分就业"学说：

> 自大萧条以来，没有几个美国人认为减少工作量是经济增长和生产率提高的自然、持续和积极的结果。相反，额外的闲暇被认为是对经济的拖累、对工资的耗损和对经济进步的放弃。[7]

"增长是好事"和"充分就业"谬论确立了其关键性价值观念地位。这与"充分消费"信条非常吻合，后者宣扬休闲是一种

---

① 1933 年美国总统罗斯福执政后为挽救当时严重的经济危机而采取的施政纲领。——译者注

用来消费的商品，不是用来享受的闲暇。在过去的半个世纪里，充分就业意味着更多的消费者拥有更多的"可支配收入"。这就意味着利润上升，利润上升意味着企业扩张，企业扩张意味着就业机会增加，就业机会增加意味着更多的消费者拥有更多的可支配收入。消费推动着"进步"之轮滚滚向前，我们在第一章就看清了这一点。

因此可以看出，我们（作为一个社会）关于休闲的概念经历了翻天覆地的变化。它曾经被认为是日常生活中令人向往的文明教养的表现，现在逐渐变得让人忌惮，提醒人们想起大萧条岁月里的失业情况。随着休闲的价值下降，工作的价值上升，对充分就业的倡导，再伴以广告业的发展，造就了民众越来越重视工作、重视挣更多的钱以便消费更多的资源。

为抵挡这一切，21世纪初兴起了一场"空闲时间"运动。制片人约翰·德·格拉夫（John de Graaf）发起"夺回你的时间"运动，主张给过度劳累的美国人缩短工时，延长假期。尽管所有研究结果都表明减少工时和充分休息实际上能使工人的生产力提高，但时间捍卫者们面对着强大的阻力，因为人们想当然的文化信念是：8小时工作制神圣不可侵犯。

日益兴起的"慢食"（Slow Food）运动也对工作狂的生活方式提出挑战。这一运动认为，吃饭远远不止是独自坐在电脑前狼吞虎咽地吃掉快餐、给身体补充能量以便投入下一轮激烈竞争，它应该是谈笑风生、其乐融融的时刻。简而言之，它体现了文明教养。

工作有了新的意义

此外，亨尼克特表示，在过去的半个世纪里，给职场以外生活赋予意义的家庭、文化和社区架构开始瓦解。传统仪式、社交往来以及彼此陪伴的简单快乐让我们的非工作时间有条不紊，给人一种使命感和归属感。若体会不到自己属于某个民族、某个地方，那么，休闲更多的时候往往会导致孤独和无聊。由于职场以外的生活已经失去了活力和意义，工作不再是达到目的的手段，它本身成了目的。亨尼克特指出：

> 意义、理由、目标甚至救赎如今都要在工作中寻求，根本不诉诸任何传统的哲学或神学架构。人们不分男女都在用新的方式解释老的宗教问题，答案越来越多地从工作、事业、职业和专业的角度出发。[8]

阿莉·霍克希尔德（Arlie Hochschild）在她2001年出版的《时间困境》（*The Time Bind*）一书中说，家庭现在要担负三项职责——工作、住所以及修复因在办公室待的时间越来越长而受损的关系。即便是推行"家庭友好型"政策的公司也隐晦地奖励上班时间较长的人（不管其创造的效益是否更高）。更有甚者，有些办公室变得更加舒适，而家庭生活变得更加忙乱，致使人略带愧疚地渴望花更多的时间去上班，因为上班更悠闲自在！[9]

最后一点是，随着新教伦理兴起，宗教对待工作的态度发生转变。在那之前，工作是世俗的，宗教是神圣的。在那之后，工作被视为自我救赎的舞台，而宗教生活成功的证据是财务生活成功。

进入 21 世纪，我们的有偿就业扮演着多重角色。我们的职业现在发挥着传统上属于宗教的功能：我们在这里寻求解答一些挥之不去的疑问，比如："我是谁？""我为何而来？""这一切是为了什么？"它们还发挥着家庭的功能，解答的疑问包括："谁是我的人？""我属于哪里？"

我们借助工作来感受浪漫与爱，就好像我们认定会有一份"魅力职业"，犹如童话里的白马王子，充分满足我们的需要、激励我们成才。我们渐渐认定，通过这份工作，我们终将拥有一切：地位、意义、奢华、尊重、权力、严峻的挑战和美妙的回报。我们所需要的就是找对意中人，或者说中意的职业。事实上，单纯就时间长度而言，我们可能关注职业多于关注伴侣。"无论顺境或逆境、富裕或贫穷、疾病或健康"，往往还有"直到死亡将我们分开"的誓言，或许更适用于我们的职业而不是我们的配偶。也许，让我们当中有些人陷入"家庭–高速公路–办公室"圈套的就是这个"魅力职业"错觉。我们就像那个不断亲吻青蛙的公主，希望有一天能发现自己拥抱着一位英俊的王子。我们的职业就是那只青蛙。

今天的年轻人要抵御的潮流更为强劲。手机和笔记本电脑让我们全天 24 小时、一周 7 天地听候雇主和副业（在主业的间隙从事的第二、第三份工作）调遣。假如主业的收入不够，你很难找到足够的副业来挣钱偿还学生贷款和结束在父母家住地下室的生活。事实上，他们把自己的多份兼职称为 hustle（奔忙），说明了成长、成功是多么不易。他们清楚地知道，他们处在一个奔忙不息的美丽新世界，需要有勇气逆流而行，由职业一步步获得身份、事业、保障与养老金的旧式传送带现已彻底粉碎。这把年轻人从"魅力职业"综合征中解放出来了吗？没有。如果他们总是在奔忙，那他们就总是"在工作"，连约会可能也会变成建立人脉、找到新工作的机会。

我们赢得工业革命了吗？

我们的祖先每天工作 3 小时，在剩下的时间里享受社交、仪式、庆典和游戏的乐趣。从那以后，我们已经走过了很长的路。这一切值得吗？我们集中创造力和聪明才智掌握物质世界，从中无疑收获良多。科学、技术、文化、艺术、语言和音乐都发展进步了，造福无穷。几乎没有人会想让时光倒流，回到没有巴赫、没有盘尼西林的日子。然而，我们确实有必要让时间停滞，对前进方向进行评估。我们还在正轨上吗？我们来大致看看现代职场和就业市场。我们这是在哪儿？这是我们想要的状态吗？

- 有些工作者感到大材小用，他们的日子里充满了重复的、琐碎的或者毫无挑战性的任务，不怎么需要他们的创造力或智力。还有些人则感到过度劳累，尤其是现在公司裁员，把越来越多的责任转移给得以保住饭碗的少量幸运儿。创业领域犹如西部荒原，资金充足的新企业在一夜之间冒出来，争相为年轻员工提供免费工作餐和乒乓球桌等丰厚福利，以此抵消工作环境的紧张气氛。
- 有些工作者逐渐认识到社会正义、气候变化和消费社会带来有害副产品等问题，他们左右为难：从经济上讲，他们需要靠自己手上的这份工作来挣钱；但从伦理道德上讲，他们不赞同其所属公司提供的产品或服务。

- 养老金保障不再有保障。只有7%的公司仍提供养老金固定收益计划，25%的公司提供"固定缴费"的混合计划，如401（K）① 外加一笔现金。[10]其余的公司将攒钱养老的负担重新转移给雇员。有些人甚至怀疑美国社会保障安全网在长远内未必有保障。当然，这正是许多人阅读本书的原因。你要把养老金完全掌握在自己的手中，而且是按照自己的时间表——不管"外面的世界"发生什么。

- 总部位于纽约的非营利性研究机构世界大型企业研究会（Conference Board）2014年发表的一份报告称，大多数美国人在职场不开心。在他们1987年进行的第一次调查中，61.1%的工作者表示喜欢自己的职业。但那是最高点。历史最低点出现在2010年，只有42.6%的工作者表示喜欢自己的职业。随着长期效力于同一个雇主不跳槽的前景变得黯淡，随着员工承受越来越高的健康计划扣除额和工资扣除额，工作者满意度降幅最大的两个类别是就业保障和健康计划，自1987年以来都下降了超过11个百分点。[11]

看来，我们已经受够了在这样一个疯狂的世界里求死般拼命工作。即便我们喜欢自己的职业，即便我们在职场一帆风顺，即便我们

---

① 指美国《国内税收法》第401条K项条款的规定，是企业养老金计划，适用于私营企业员工，由雇主和员工共同出资。——译者注

属于没觉得不满意的那 50%，我们仍患有"魅力职业"综合征。我们也许仍会设法通过就业来满足种种需求，而实际上，我们的职业永远无法满足那些需求，我们也许会在临终前遗憾地叹息：我何苦在工作上花那么多时间？

工作的目的是什么？

我们来继续探讨"工作"，这是最私密、最深刻的一个问题。我们可以认真思考以下几个问题：

· 你为什么要用现在的方式来赚钱？
· 你起床出门去挣钱的动力是什么？
· 在你的体验中，有偿就业的目的是什么？（如果你依靠一个在职的配偶或亲戚抚养，你可以思考那个"负责养家糊口"的人为什么要工作，也可以回想过去的一些工作经历。如果已经退休或失业，你可以想想曾经从事的工作。）

下面列出有偿就业的种种目的，现在请斟酌一下，看看哪些适用于你。

挣钱
· 养活自己和家人
· 为未来攒钱
· 开展慈善活动

- 实现财务自由

安全感
- 确保你在公司里地位稳固
- 确保你能拿到补助

传统
- 子承父业
- 对家庭尽责
- 因为人人都工作

服务
- 尽自己应尽之力
- 为他人、社会和世界做一份贡献
- "改变世界从我做起"①，用技能帮助他人

学习
- 获取新的技能，不断成长，变得更符合市场需要
- 接受刺激和挑战
- 创新和创造

---

① Be the change you wish to see in the world. 据说是圣雄甘地的名言。——译者注

能力

- 对他人施加影响
- 对决策和结果施加影响
- 从你想取悦的人那里得到尊敬和钦佩
- 在你所属的领域出人头地

社交

- 享受与同事们的融洽相处
- 与他人交往，有群体归属感
- 参加公司范围内的活动和聚会

时间安排

- 安排好你的时间，让生活有条不紊

不知你有没有注意到，工作有两种不同的功能：物质、财务功能（即获得报酬）和切身功能（情感上的、智识上的、心理上的乃至精神上的）。

我们的原始问题是：有偿就业能达到什么目的？在现实中，有偿就业能达到的目的只有一个：获得报酬。那是工作和金钱之间的唯一真实联系。有偿就业的其他"目的"是其他类型的报偿，当然值得拥有，但与获得报酬没有直接关系，它们在无偿活动中同样能获得。

就中产阶层以上的工作者来说，我们对有偿就业感到的任何压力、困惑或失望很少是因为报酬本身。我们已经认识到，在达到了一定程度的舒适之后，更多的钱并不能带来更多的满足。因此，有偿就业的麻烦或许在于，我们需要刺激、认可、成长、贡献、互动和意义，但工作满足不了这些需求。前面提到的世界大型企业研究会的工作满意度调研结果佐证了这一点。让一份职业令人满意的是成长潜力、沟通渠道、工作兴趣、赏识认可，不是报酬。如果我们对有偿就业不再抱有其中的大部分期望，如果我们认识到除了挣钱以外的所有工作目的都能在无偿活动中实现，那会怎样？

由此，我们到了一个重新审视与工作关系的关键时刻。工作有两个方面：一方面是我们对金钱的需要和渴望，我们工作是为了得到报酬来满足人的基本需求；另一方面与我们的薪资毫不相干——我们工作是为了实现人生中的许多其他积极目标。

应该指出的是，对于那些收入不够（即使兼两份职都不够）养活自己和家人的成百上千万人来说，情况也许并非如此。在全世界的发达经济体中，唯独美国没有带薪假期保障，享有带薪休假的低薪工作者不到一半。[12]

斩断工作与工资之间的联系

因此，关于工作，真正的问题不是我们的期望值太高，而是我们混淆了工作与有偿就业。我们应重新定义这两个概念："工作"是指一切生产性的或有目的的活动，有偿就业则是众多这种活动中的一种。这样，我们就不会再错误地认为，我们为了桌子上有食物、头顶上有瓦片而做的事情还应给予我们意义感、目的感和成就感。斩断工作与金钱之间的联系可让我们恢复平衡和理智。

我们作为人的成就感不在于我们的职业，而在于我们人生的全貌——我们内心对生命意义的感悟、我们与他人的关联性以及我们对意义和目标的追求。通过将工作和工资分开，我们实际上打开了一扇门，让生活中从挣钱到爱家的各个组成部分融为一个整体，构成我们的真实面目。一旦完整，我们就无须通过不断消费来获得幸福。幸福是我们与生俱来的权利。

不管你对自己的有偿就业是爱还是恨，把工作和工资分开能让你更清晰地认识到自己是否珍惜（无论是在工作中还是在工作之外）被称为生命能量的那件贵重商品。

记不记得我们在第二章关于生命能量的讨论中说，一个40岁的人还剩下大约350 000小时？这其中三分之一要用于睡眠，15%要用于必要的解决温饱的活动（做饭、打扫卫生、修理东西、做家务），因此你可以把时间银行账户分成两半。这些小时数就是你所拥有的全部了。你的一生中最宝贵的莫过于时间，也就是你还剩下的分分秒秒。把工作和工资分开意味着你生命中的每时每刻都弥足珍贵，你应当设法拥有更多时间，按照自己甘愿而非被迫的方式度过。

斩断工作和工资之间的联系在我们的人生中意义重大，其力量不亚于我们认识到金钱不过是我们用生命能量换取的东西。金钱就是我们的生命能量，它的价值并不来源于外部的定义，而是来源于我们为它投入了什么。同样，有偿就业的唯一内在价值来源于这样一个事实：我们做这件事是领取报酬的。我们所做的其他一切事情都是在体现我们是谁，不是我们出于经济需要而必须做的事情。通过斩断这一联系，我们重新把品德、价值观和自我价值作为坚守的底线。通过斩断这一联系，我们可以重新给

"工作"下定义——凡是我们所做的与人生目标一致的事情都叫"工作"。通过斩断这一联系，我们找回自己的人生。

斩断这一联系的惊人影响

从这个角度来看，有偿就业让人觉得像是在拼命"求死"的原因就显而易见了。除了挣钱之外，你在这份职业中恐怕没有做任何与人生目标相一致的事情。一天 8 ~ 10 小时，一周 5 天，一年 50 周，一生 40 多年。这引发一系列问题：你需要多少钱来达到满足感的顶点？你的职业能提供这笔钱吗？你工作挣来的钱低于你应有的价值、带回家的钱低于你需要的数额吗？还是你的收入远远超过你实现满足感所需要的金额？那笔多余的钱有什么用处？如果它不服务于任何目的，你想不想减少一些工作而多花点时间去做对你来说重要的事情？如果它确实服务于某个目的，那么这个目的是否清晰明白且与你的价值观紧密相连，因而能给你有偿就业的分分秒秒带来快乐体验？若并非如此，你应做出哪些改变？

让我们一起来探讨：斩断工作和工资之间的联系从而重新定义"工作"，认识到有偿就业并不等同于只针对实现人生目标而言的"工作"，这会产生什么影响呢？

一老一小两个年龄段的人都已经在思考这个问题，但未必是以掌握主动的方式。许多千禧一代是在 2008 年金融危机导致股市缩水一半以后进入职场的。他们大多遵照父母的安排上了大学、背了债务、期待步父母的后尘，遭遇的却是经济形势直线下跌、传统就业市场的机会减少。难怪他们都成了创业者、摩托车手和零工经济工作者。难怪他们不得不以独树一帜的姿态闯进一个瞬息万变的世界，在这里，利基会在短短几个月间开启、饱和、关闭。码农、博主、程序员和创业者长时间不计报偿地工作，而且常常到头来一无所获。也难怪千禧一代重振了对这本书、对"财务自由"可能性的兴趣。他们的生活已然呈现多面性——有些是为了赚钱，有些是业余爱好，有些是一时兴起，有些是独特嗜好。

在年龄分布的另一端，许多婴儿潮一代在进入要靠社保的年龄时只有社保可指望。他们也必须想办法打零工或者做些不那么闲散的工作来挣点钱。有充足的养老收入，他们就可以含饴弄孙；没有的话，他们也许就要陪别人家的孩子玩来挣钱。职场是歧视老年人的，如果他们职业生涯的大部分时间里只效力过一家公司，那么，忍气吞声地投入这样一个职场需要些活力。千禧一代有的是活力，婴儿潮一代就没那么多了。

话虽如此，那些正值工龄的人，请考虑一下把工作和收入分开的好处吧，它将在你改变与金钱关系的道路上给予你鞭策，并且很可能让你提前退休……或者至少让你在退休时享有自由而非心怀忧虑。

1. 重新定义"工作"使选择更多

不妨假设你天生适合当教师，却以计算机程序员为业，因为这样能挣更多的钱，而你确信自己需要这些钱。按照旧的思维方式，每当有人问你做什么工作，你都会被迫申明："我是个计算机程序员。"你的内在自我认知和外在形象长期不一致，你觉得这会对你产生什么影响？你也许会感到隐隐的不开心，却不知道原因何在。你也许会生

231

病，就像我们的一位朋友在放弃了当钢琴演奏家的梦想而成为一名程序员之后的情况。她得了一种莫名的疾病，有将近一年时间里什么也做不了。你也许会欠下一笔信用卡债务用于补偿自己做不合心意工作的苦闷。

然而你也许忽略了一件事，那就是分析自己当计算机程序员是否仅仅因为以此为谋生之道。一旦斩断工资和工作之间的联系，你就可以有别的选择了。当有人问你做什么工作时，你可以申明："我是个教师，但目前在编写计算机程序挣钱。"若能够承认自己的真实身份，你就可以重新规划"职业生涯"。你也许会决定先攒点钱，然后回到学校去取得教师资格证。你也许会决定减少编程时间，这样你就可以去当一名教师志愿者。你也许会决定去教计算机编程。你也许会培养第三个爱好（比如皮艇运动）并在周末授课，同时兼职做计算机编程赚钱。将工作与工资断开可让你生活中支离破碎的各个部分挣脱出来，互不干扰，重新组合，形成一个更适合你的模式。

唐娜在成功的阶梯上奋力攀登，但这份煎熬让她感到不值。作为一名医生，她发现自己是在一个不健康的体系中做健康服务，这个体系要求每周工作上百小时、睡眠不足、无暇旁顾。

在住院实习期间和早年从医生涯中，她发现这份工作特别消耗时间和精力，她无暇思考钱的问题，也无暇思考自己是怎么花钱的。与另一位医生结婚越发强化了浑浑噩噩无意识的模式。唐娜和丈夫积累了房子、汽车和各种投资。追踪记录开支情况的想法对他们来说简直匪夷所思，他们觉得这是需要操心的事，而他们在行医过程中要操心的事就已经够多的了。

但唐娜的超级医生岁月并不长。两个孩子的出生提醒了她分清主次轻重。她想跳出医疗行业，回归一个充满关爱且能兼顾家庭的职业。怀着既恐惧又坚定的复杂心情，她离开了拥有种种"福利"、稳妥有保障的医生群体，开办了一所能体现其价值观的诊所（医护人员全部是女性并服务于女性）。

大约就是在这个时候，她听了在1984年发行的原版FI音频课程。她感到非常振奋，马上把她自己开始在内心思考的一个问题抛给丈夫："如果你不必为了钱而工作，你会做什么？"

"你是什么意思？"他回答道，"我热爱我的工作。"

"但是如果你不需要向任何人收费来应付你的经常性开支呢？"

丈夫回答不上来，扭头睡了。最终，他听了这门课，但他对全新行医方式的热情不及唐娜。唐娜着手执行计划中的步骤，但仍然感到与丈夫不合拍。她终于得出结论，认定即使是在传统婚姻中，或者也许应该说，尤其是在传统婚姻中，女人也必须有属于自己的生活。她独自执行了那些步骤。

随着个人领悟的加深，她开始重新评估自己的诊所。没有哪个员工想像公立医院医生一样长时间辛苦工作，但她们又不愿接受收入减少。大多数医生要靠昂贵的手术费挣钱来支付账单。唐娜主张以预防为主，但以药养医的体制不断迫使她回到原来的工作方式。"我要么换个方式行医，要么干脆别当医生。"

对唐娜来说，实现财务自由是一整套过程，她要摒弃原有的金钱、工作、意义和目标观念，遵从内心的召唤。"如果健康的行医之道意味着少挣钱，那就少挣吧！"

唐娜的情况并非个案。新美国梦中心（Center for a New American Dream）在全国范围内进行的一项调查发现，将近一半的美国人曾自愿改变生活状态使收入减少。这些人表示对自己做出的改变感到高兴，他们说，少挣点钱的主要动机是减轻压力、兼顾生活的各个方面和拥有更多的自由时间。

2. 重新定义"工作"，让你得以遂心如愿

对我们当中的许多人来说，生活方式在很大程度上是由外部环境赋予的，我们像在餐馆里点菜一样挑选自己的角色和形象。一个人可以从职业栏选择"消防员"，从妻子栏选择"金发碧眼"，从子女栏选择"两个"，从风格栏选择"休闲"，从汽车栏选择"丰田"，从政治栏选择"共和党"，从住房栏选择"公寓式住宅"，然后就自认为把生活打理得井井有条了。我们把犹如圆枘的自我强塞进一个叫作"职业"的方凿，越发让人觉得生活的内容就是从一个固定列表中进行挑选。除非你是艺术家或企业家，否则你的工作内容通常就是配合别人的议程，并因为这种效劳而得到报酬。职场有一种微妙却普遍的事不关己的气氛，觉得我们总是在替别人效力，总是在设法取悦地位比自己高一点的人。在大公司里，多数员工根本不知道他们辛辛苦苦执行的计划由谁制订。这类公司不仅买下我们的劳动，还买下我们的个性，以其不言而喻的企业文化规定了成百上千条日常选择，比如：谁跟谁汇报，穿什么衣服，不同级别的人在哪里吃午饭，你要投入多少加班时间才能"有存在感"。很明显，如果我们认为自己为挣钱而从事的工作能说明我们是谁，那么到头来，只要能让我们在职场出人

头地，任何模式我们都会接纳。但如果你是谁与你从事什么工作来挣钱是两回事，你就能找回失去的自我，而斩断工作和工资的联系就能让你做到这一点。随着你逐渐了解自己，了解你的价值观、你的信念、你的真正才能以及你在乎什么，你就能够全身心地投入工作，能够在就业的同时不放弃自我。

　　玛格丽特正在转变的过程中，以前是按照别人的价值观生活（受外部影响的生活），现在要发现和践行自己的价值观（遂心如愿的生活）。她结过婚，有两个孩子，但离婚了。作为一个有强烈责任感的单亲妈妈，她想尽可能多地挣点钱养家，所以放弃了教书，成为一名注册财务策划师。

　　她收取佣金——而产品的利润是有高有低的。利润与客户最大利益之间的矛盾让她焦虑，时常胃疼，她意识到自己必须停止不惜一切代价推销金融产品的行为。她不再追求销售额，虽然身体状况日渐好转，但个人收入每况愈下。

　　她很高兴自己和艾薇一起成立了一个由 20 人组成的财务自由互助小组，大家都致力于贯彻 FI 计划。随着执行这个计划中的步骤，他们发现自己越来越乐于听从内心的提示——那对他们每个人来说各有不同。例如，一名女性表示，通过"尊重生命能量"，她认识到自己是在碌碌无为中浪费才华。"他们付的钱不值得我留下来承受这么大的痛苦。"于是她辞了职，靠积蓄生活，直到重新找到工作。

这一切变化都是在执行本计划的步骤时发生的。

3. 重新定义"工作"，让我们能规划生活而不仅仅是挣工资

在工业革命以前，大多数人都是农民，也就是说，他们能够建造、维护和修理日常生活所需的几乎所有东西。工业革命以后，特别是信息革命和技术革命以后，我们学会了花大部分时间出售一小部分才能来挣钱换取我们所需要的其他一切。不过，一旦失业，你仍然有抵押贷款、汽车分期付款、信用卡账单要还，却没有任何进账。然而，如果让工作与工资脱钩，你就会看到大把大把"余生时间"的价值。没有几个人能杂而不精地从事各个行业，比如当农民或建筑工，但我们越学会尊重无偿工作，我们的债务就越有可能降低。我们也许可以学习动手技能，自己搭建露天平台，或者办网站、开博客……一旦停止为了钱而工作，我们或许会失业，却不会失去工作。

这还意味着游戏也许最终会成为收入来源。你也许会在职业中学到一些技能，把这些技能运用于生活。你也许会在生活中吸取一些经验教训，日后靠这些经验教训获得报酬。在一份职业中培养出来的技能有可能让你得到另一份职业。你也许会在一份职业中摸清了某个行业的底细，因而可以辞职投身于那个行业，从中获得乐趣……或者利润。职业成为学校，上学变成游戏，工作成为自我表达。不管是否领取薪水，你都是自己的老板，可以走自己想走的路。

4. 重新定义"工作"，给退休生活增添活力

退休并不意味着停止工作，它意味着你可以停止为了钱而工作。

我们都希望自己是有用之人，希望我们所做的贡献得到别人的认可。如果我们认为有偿就业是唯一值得敬佩、值得尊敬和意义重大的贡献方式，那谁还会想退休呢？没有人想成为过去时，淡出舞台，退至幕后。让工作与工资脱钩意味着你在每一个角色、任务和活动中都有价值，这可能会让你坦然地提前退休，以便为他人做更多的事情。

5. 重新定义"工作"，让无偿活动得到尊重

> 南希每天晚上查看待办事项清单时都发现被划掉的项目太少，每天晚上脑子里都在想"不知道这一天的时间都去哪儿了"。她对金钱进行过追踪记录以了解其去向，或许对时间也可以追踪记录。整整一个星期，她每隔 15 分钟就记录一下自己在那段时间里做了什么。她很快就明白了，她的大部分时间都花在了自己认为不重要的活动上：打扫卫生、做饭、采购、和家人聊天。她的"正式"清单只列出与工作有关的任务——跟同事见面、回复电子邮件等。占用了她大部分时间的其他事情都根本不在清单上。她认识到，如果有人出钱请她打扫房子，她就会把它列在单子上。打扫她自己的房子？没有这一项的位置！这表明，她只看重有偿工作。现在，她把所有的事情都列入清单，为自己办成的每件事（无论是有偿的还是无偿的）感到骄傲。

没有报酬的活动常常被认为毫无价值——在价值上不如有报酬的活动，不是吗？在我们的文化中，人们普遍认为，如果你不工作挣

钱、不开创事业、不受人聘用，那么你就是无名小卒。是不是这样？

我们的内在功课——自我反省、自我发展以及在情感和精神上日臻成熟，跟有偿就业、做家务活或打理院子一样重要。了解自己是需要时间的，需要时间进行反思、参加祈祷和仪式、形成条理清晰的人生哲学和个人道德规范、确立个人目标和评估进步情况。

让工作与工资脱钩，我们对职业的认识就不会抹杀自我，我们也就不会为迷失了自我而痛苦。

6. 重新定义"工作"，使工作和游戏相结合

工作是严肃的，游戏是轻浮的。工作是庄重老成的，游戏是孩子气的。工作是有用的，游戏是无用的。有时候游戏可能看起来像工作，比如在一场紧张激烈的国际象棋比赛中。有时候工作看起来像游戏，甚至被称为游戏，比如在职业体育运动中。有时候工作给人的感觉就像游戏，以至于人们会（有些内疚地）说："这份工作太好玩了，我不应该拿报酬。"那么，我们如何区分工作与游戏？游戏和工作都可以既有竞争性，又有合作性，它们都能培养技能、给人以成就感。如果两者兼备，你就会进入一种精神高度集中、思维无比流畅的状态。事实上，若一个人专心致志地从事某项活动，从外部根本看不出来他是在赚取报酬还是在玩游戏。这就是将工作与工资脱钩的力量——你重新把工作和游戏联系起来，这样你的整个人生就会散发快乐的光芒。

7. 重新定义"工作"，可让你更加享受闲暇

对古希腊人来说，闲暇是至上的善、是自由的精髓，那是用于自我提升和追求更高境界的时光。然而现在是 21 世纪，我们无法真正放松下来享受闲暇。连语言也出卖了我们，把它称为"休息时间"，就好像闲暇只是片刻的将息，之后我们要再回来"开工"，重新成为一个有生产力的（也就是真正的）人。如果我们没有如此强烈地认同自己为了钱所做的事情，也许就会更尊重和享受闲暇。玩一玩亦无不可；在阴凉处放松地听听虫鸣鸟叫亦无不可；漫无目的地散散步亦无不可；把科技产品留在家里去露营亦无不可；花点时间单独活动也没什么好愧疚的；撇开忙碌，仅仅为活着而感到开心亦无不可。如果你知道职业并不代表你，闲暇就不会是一场身份认同危机。

也许是因为职业渗入了我们日常生活里的分分秒秒，我们的休闲方式都无知无觉，并不令人满意，比如，我们在上班时间偷偷拿出手机查看朋友的短信、刷刷社交媒体、浏览最近一部深夜电视喜剧里的片段等，把这些当成"小短假"。把工作与工资分开，我们就会在工作时集中精力工作，在属于自己的时间里则专注于我们自己选择的活动。

8. 重新定义"工作"，让人对"正确生计"有新的认识

"正确生计"是一种理想，它是指你找到合意的工作或从业方式，并从中获得报酬。虽然它令人向往，但这种崇高的努力是有陷阱的，本财务计划能够巧妙地予以回避。

你无法保证能找到人付钱让你做自己觉得该做的事。你恐怕要花多年时间才能使本领、研究、社会创新或新技术达到一定水平，从而让那些手头有钱的人愿意资助你。众筹对那些长期等待政府或基金会资金的人来说是一个有创意的解决办法，但总部设在伦敦的众筹中心（Crowdfunding Center）2015 年发布报告称，70%~90% 的众筹活动以失败告终，具体比例视平台而定。[13] 大多数时候，能否成功与其说和你所从事工作的真正价值有关，不如说和运气、机会、毅力、人脉、种族、性别以及其他种种因素有关。

如果不再指望得到报酬去从事你热爱的工作，你就可以更坦坦荡荡地双管齐下。你可以挣钱来应付开销，同时毫不妥协地听从自己的心声。你可以设想在退休后从事自己喜欢的工作，并让这个梦想点燃你的激情去坚定不移地执行这个九步骤计划。你可以把有偿就业的岁月当作在为全身心投入真正的使命做准备，利用每一份职业培养和磨炼重要的个人技能和工作技能并建立人脉。无论你在多大程度上静下心来从事自己并不喜欢的工作，只要未能得到报酬去做自己喜欢做的事，你就知道自己还没有真正安顿下来，知道自己只是在为下一步行动、为最终实现财务自由做准备。

合气道的新学员有一项练习叫作"不截臂"。面向陪练，一只手放在对方的锁骨上，陪练用两只手抓住学员的胳膊肘往下拽，学员则要用力反抗。不管怎么努力，学员都会很快败下阵来。然后教练会指导他放松，体察能量从丹田升起，通过手臂延伸到无穷远，就像水流在消防水带里涌动。这时候，陪练不管怎么用劲都无法再让他的手臂弯曲了。

一心想获得报酬实际上会分散你的注意力，让你无法专心从事自己所选择的工种。你是在一心二用，不是一心一意。与练习不截臂一样，你可以专注于抗拒对方（得到报酬），也可以把能量延伸到无穷远（听从内心召唤）。

或者想想当商业元素介入寻找内心召唤的过程时会发生什么，在这里以艺术创作为例。在《生物的艺术》（*The Biology of Art*）一书中，动物学家德斯蒙德·莫里斯（Desmond Morris）讲述了一项给类人猿引入"利润动机"的实验。第一步是把它们调教成艺术家，教它们创作出妙不可言的绘画。一旦它们掌握了这门技艺，他就开始"支付报酬"，用花生奖励它们劳动。在奖励制度下，它们的艺术品很快就变质了，它们开始纯粹为了得到花生而马马虎虎地乱画一气。"营利主义"毁了类人猿的艺术家品质，让它们只顾争抢花生。[14]

若坚持要让你的内心召唤与有偿就业完全一致，你的注意力天平就会从使命倒向金钱。实现财务自由既意味着实现心灵的自由，也意味着最终实现时间的自由，它会给你一只不截臂——无论你从事什么工作。

设想你运气极佳地找到了梦想中的工作，它让"我是谁"和"我怎么赚钱"完美调和，但是意外的事情发生了，比如管理层变动、项目取消、团队重归大部队，于是你就要面对金钱与使命的较量。如果你将工作与工资脱钩，你就会对"理想的工作"保持清醒头脑，评估自己的处境最终能否让你无须妥协地从事这份理想工作。于是你就能回到不截臂状态并做出选择。

对收入的影响

现在我们已经确定有偿就业的唯一内在目的是获得报酬（不管

你对自己的职业是爱还是恨），那就要看看你用宝贵的生命能量换来的东西是否值得。既然你知道自己的生命重于职业，那就要找一份真正能"尽到本分"，也就是带来优厚报酬的工作。于是就进入 FI 计划的第七步。

第七步：珍惜你的生命能量——尽量增加收入

第七步是要珍惜你在职业中投入的生命能量，用它换取与你的健康和诚信相符的最高工资，借此增加收入。

当你领到工资单、计算零工薪水总额或者把所有收入加到一起时，你投入的宝贵生命能量真的得到公平交换了吗？要从拼命"求死"的世界中解脱出来，关键是要珍惜生命能量。我们已经认清，金钱不过是你用生命能量换取的东西。我们也已经明白，有偿就业的目的是获得报酬。那么，出于理性和自尊，你在为了报酬而工作时难道不应该根据自己的诚信和健康状况赚取最大限度的时薪吗？虽然这听起来像是老掉牙的贪婪，但若遵循这一点，你会发现自己恰恰是在朝着与贪婪相反的方向前进。

在落实第一步到第六步的过程中，你已经确定了对你来说什么叫"足够"，包括尽可能准确地猜想在将来拥有多少算足够。你不再把"足够"定义为"比我现在拥有的更多"，因此不会沦落到永远觉得自己贫困。你逐渐发现，"足够"或许比你想象的要少，要更加触手可及。而且请记住，"足够"并不是维持生存的最低量，它是恰好让你得到满足而无多余的量。正如我们在第五章里指出的，这个"足够"往往远远低于你的收入。如果花的比挣的少，你就可以在工作上少花点时间却依然拥有"足够"。这是最基本的数学知识。如果"足够"是每月2500美元，而你每小时挣25美元，那你就必须每月工作100小时来满足开销所需。但是，如果你每小时能挣50美元，可想而知，你就可以每月只从事50小时的有偿工作，或者把你50%的收入存起来！

现在我们要回到工业革命以前人类所享有的生活方式。你可以当个独立承包商，每天工作两三小时来挣钱，其余的时间做自己想做的事情来放松、娱乐、自我提升、人际交往、参与社区活动或者为这个世界服务。如果你选择投入更多时间从事有偿工作，那你要有这样做的充分理由，因为你是高度珍惜自己的生命能量的。你这样做也许是为了养育孩子；也许是为了摆脱债务、体验无债一身轻的财务自由；也许是为了积攒储蓄，以便无论经济形势如何都能衣食无忧；还有可能是为了实现一些其他人生目标，比如回到学校进修、环游世界。目标的大小和强度将决定你在工作场所投入的时间和精力。你甚至有可能特别渴望达到某个财务目标，以至于在主业之外还从事若干兼职，并且乐此不疲。然而，与工作狂的行为不同，额外的工作时间现在与你的人生目的相联系并服务于你的人生目的。

对罗斯玛丽来说，将工作与工资脱钩意味着她可以去追求工作之外的其他目标，比如旅行、写作、参与保护地球的活动。虽然她很喜欢在一家养老院担任活动总监的职业，但并不打算把一生都奉献给这里。她清楚地认识到，现在挣得越多，就能越早开始追求她的其他目标。她没有另寻一份薪水更高的工作（那有可能带来更大压力），而是想了另外一个办法。她在一家小型音频复制和发行公司兼职，每周在工作日晚上和周末随叫随到地工作几个小时。这样的时间安排很灵活，大家相处融洽，几乎没什么压力，而且时薪跟她的全职工作差不多一样高。虽然她一周的工作时间远远超过 40 小时，但心中的目标使她精力旺盛、情绪高昂。

珍惜生命能量、谋求最高报酬与"更多就会更好"的心态无关。既然金钱与生命能量关系紧密，那么，增加收入就能增加可供你使用的生命值。根据你的实际时薪，买一辆新车可能会需要你工作 1 个月、半年或者 1 年。你想要更多的钱不是为了借此拥有更高的地位、声望、权力或安全感。你知道金钱买不来那些东西。你想要更多的钱是为了借此拥有更大程度的自由，去做你自己而不必为钱操心。同样，你不是想要更多的钱来提升自尊，是想要更多的钱来体现自尊、体现你对生命能量的珍惜。

有偿就业的新方案

在这一点上有若干创造性方案可以探索，包括提高薪水从而不必全天工作、在当前岗位上获得提升，或者干脆换个工作。

提高薪水：关键在态度

对于自己该挣多少钱，许多人态度被动，甚至相信宿命论。他们的行为本着一种受害者心态，完全听命于外部力量——老板、工资等级、失业形势、经济衰退、低迷的本地经济、总统的经济政策、来自发展中国家低薪工人的竞争等。这种态度差不多就是："我找不到一份好工作，而这都是因为这些原因。它们让我不得不从事一份低薪工作。"

经济现实有时或许的确严酷，但我们往往把内心想法和信念当成实情，这也是人之本性（这个事实应当促使我们格外注意对自己的看法）。限制收入潜力的一个重要因素是态度：对自己的态度（比如"我不够优秀"），对职业或雇主的态度（"他们刁难我"），对当前处境的态度（"根本就没有任何就业机会"）。如果你自视为受害者，你很可能就会忙于自怨自艾，根本无暇注意到可改变你悲惨命运的诸多机遇。

若要取得成功，请培养积极的自尊态度，以自己对工作场所的贡献为荣，全身心投入工作，乐于同雇主和同事合作，渴望把工作做好，建立个人的诚信和责任感——而且这样做纯粹是因为你珍惜自己的生命能量。

想一想，珍惜生命能量会如何改变你在职业中的体验和表现，又会如何改变你一旦有想法就换一份职业的能力。无论在哪儿工作，你都是在为了自己而工作。不管做什么，你致力于在工作岗位上出类拔萃是因为你要做到100%的诚信。

你会惊讶于工作满意度在多大程度上取决于工作者，而非取决于工作。

我们在第六章里提到的木匠特德发现，FI计划的一个馈赠是让他有机会重拾当作家的抱负。他在一个空军家庭里长大，成

245

年后的生活一直漂泊不定。他在密西西比州的格尔夫波特完成高中学业，然后来到得克萨斯州的奥斯汀，在那里雇用了 8 个人做房屋装修生意，直到石油价格暴跌彻底打乱他的阵脚。这件事加上离婚使他的财产所剩无几，用一辆面包车就能全部装下（这让第一步非常容易执行）。他踏上旅程，最终在俄勒冈州停下来。践行 FI 计划不到一年，特德就攒够了一年的生活费，把自己从财务悬崖的边缘拉了回来。他决定尝试写一写在脑海里萦绕了多年的故事，这些故事来源于他 20 世纪 70 年代初在密西西比州的经历，当时他和几个非洲裔美国木匠一起建造了一座浸礼会教堂。为了腾出更多的时间写作，特德开始给他的装修工作开出更高的价格，断定这会过滤掉大部分合同。实际发生的事情令人大吃一惊。很多人对他过去的木工手艺印象深刻，无论特德要价多少，他们都愿意支付。为了给予客户应得质量的服务，特德越发用心做好他的木工活儿。他的技艺精湛，名声传遍四方，这为他带来更多的工作机会。他从事有偿工作的时间减少，收入增加，焦虑减轻，心境更加平和，可用于写作的时间简直无穷无尽。他很惊讶，但他不会质疑自己可观的财富——或者说那是他可观的自尊？

以兼职工作实现财务自由

特德选择了我们通常所说的兼职工作。不过，这种关于金钱和工作的全新思维方式赋予了"兼职"一词新的内涵。在职业＝身份的世界里，兼职工作让你只是一个兼职人员，只有兼职价值。这种思维认定，作为兼职人员，你将牺牲掉全职就业的诸多好处。你会失去健康保险以及公司所能提供的养老保险。你会失去晋升的机会。然而，按照新的思维方式，你兼职替别人做事是为了有尽可能多的时间做自己的事。雇主给你钱，你为他们做了应做的事，但你并不以你在这份工作中的表现来定义自我价值。

人们在这个兼职工作主题上有各种各样的具体做法。有些人缩短一周工作时间；有些人一年工作 6 个月挣钱，另外 6 个月用于艺术创作、旅游、志愿服务或玩乐；有些人一天工作 4 小时，这样他们就可以有时间接送孩子上下学；有些人向老板争取他们需要的东西。有何不可呢？不妨考虑重新协商你的休假时间，要求老板允许你每周工作24 小时，或者详细说明为什么远程办公会让你的业绩更出色。

如果我喜欢自己的职业呢？

如果你喜欢自己的职业，这个新的视角（珍惜生命能量）会越发增强你的体验，并提高你的收入。

玛迪（她的丈夫是丙烷运输车司机汤姆）热爱她的"整体会计师"工作，这个职业的宗旨是帮助人们提升对自己的钱负责的能力。上了 FI 课程后，她发现自己的个人财务中有盲点。她算了算自己的实际时薪，发现她每小时收费 90 美元却只净赚7.5 美元。她丈夫在冬季给缅因州农村送丙烷都比这挣得多。钱都去哪儿了？

由于她想为那些花不起钱的人提供服务，所以就给低收入人群提供一定折扣，而且总是无偿加班加点，比别人做得更多一点。制作月度表让她看出，她在经济上毫无进展。她忘记了那条简单的经验教训：珍惜自己的生命能量。

她决定把收费提高23%，并将工作人员缩减到只留一名秘书。此外，她还决定一方面限制客户数量，着重于那些有意愿学会自助打理财务的人，另一方面限制她的工作时长。在做出这些改变之后，她发现自己拥有了与期望正好相符的客户数量和类型，如今，她的工作时间减少了，挣的钱却更多了。

如果我没有（或者不想要）"职业"呢？

有些人没有（或者不想要）传统意义上的"职业"，原因很多。他们可能是个体经营者、企业家、随叫随到的临时工、帮忙遛狗的人、可以附带打零工的各类艺术家、居家主妇或主夫、在偏远地区拥有农庄的人等。在现如今的零工经济中，有的人也许向往回归只从事一份工作、为一个老板效力、享受一份福利的日子，但也有人已经适应了自由职业和短期工作的流动性。这其中包括教练和咨询师，他们拥有的是客户而非职业——纳税用的是 1099 而非 W-2①。还有的人拥有真正的独立收入——家产殷实或碰巧交了好运，于是他们把时间花在提升创造力或服务上。当然，有的人加入了不断壮大的财务自由人士军团！这些人将工作与工资脱钩，想看

① 1099 和 W-2 是美国的两种收入税表，前者适用于个人补缴税款，后者适用于雇主代扣代缴税款。——译者注

看这种新思维模式是否影响到他们对有偿工作的选择，他们一定会受益匪浅。

不过，越来越多的人一心想按照富人常用的方式来创造财富：以钱生钱。从做短线到选股，从管理个人投资组合到倒卖房地产，这些人利用他们的时间和注意力将回报最大化，跟其他任何一个职业或行当一样。就本书而言，做短线的人和重型设备操作员、实验室里的科学家、教书育人的老师或摇滚明星没什么分别，他们都是在从事某种职业。有时候，这些投资者比高中同班同学里其他所有人都混得要好——事情就是这样；有时候，他们至少比原计划从事的职业要挣得多；有时候，他们一败涂地，落得个身无分文。

通过投资挣钱并不比当护士或房地产经纪人挣钱更符合 FI 之道。不管怎么赚钱，你都要用时间、用生命能量做交换。你仍然需要对自己的职业——投资进行评估，一如你评估其他任何职业：问问自己"我的实际时薪是多少"。

第八章和第九章介绍了与 FI 相符的投资方法，这里的 FI 包括财商、财务诚信和财务自由。

如何得到一份高薪、高诚信度的工作

我们已经认清，"魅力职业"是不存在的。为了找到薪酬更高且诚誉良好的工作岗位，我们在书里认识的那些人都不得不经过了大量的反省、冒险、试验和对原有信念的挑战。他们都不得不认清自己的生活重于职业。生活中因有偿就业而窒息的那些组成部分必须重新获得喘息的空间。孩提时代关于生活会是什么样子的想象已被渐渐遗忘，必须揭开成年人的地位、严肃和自负的表象，把它们挖掘出来。他们不得不如实回答自己，当前的有偿就业是否真的达到了有偿就业理应达到的目的：赚钱。

市面上有很多不错的求职指南和求职博客，这里只提醒一句：P. T. 巴纳姆（P. T. Barnum）① 曾经说过，傻瓜每分钟都在诞生。找工作要跟你买车、买冰箱一样精挑细选。

在开始执行本计划的 10 年前，尼娜离了婚，独自抚养 4 个孩子。然后，她听了音频课程。尽管她和朋友住在一起，做家务活换取食宿，但她还是开始追踪记录自己的花销。她决心在财务上取得独立，于是到附近的一家汽车旅馆申请做保洁，并且得到了这份工作。她匆匆忙忙赶回家，欣喜若狂地告诉室友，这时才意识到自己忘了问薪水是多少。

几个月后，尼娜搬到西雅图去找一份报酬在最低工资以上的工作。几个星期后，一家临时工职业介绍所开始给她派活儿。她马上拿出了挂图，几个月后，她就还清了几千美元的债务。日积月累的进步激励着她向前迈进。对于每一个临时职位，她都要计算出实际时薪。很快她的收入就增加了一倍，但她并没有就此止步。在一家医院当临时工时，她得知有一个空缺的职位，是给一位部门主管当全职行政助理。她争取到了。她的工资猛增到每小时 17 美元以上，而且现在有了福利。诚然，她以前从未做过这样的工作，但她已经养育了 4 个孩子，当个助理又能有多辛苦？

---

① 全名为 Phineas Taylor Barnum，19 世纪的美国马戏团经纪人兼演出者。——译者注

但她没有放弃寻觅。挂图每天都在提醒她：把生命能量卖得越贵，她就能越早把时间重新掌握到自己手中。某个周末，在一个感兴趣话题的会议上当志愿者时，全体工作人员突然离岗以示抗议某项政策，尼娜自告奋勇站了出来。当董事会寻找一名新的执行董事时，尼娜成为显而易见的人选。到退休时，她的年薪已超过 4.8 万美元，这对那个在旅馆当保洁的尼娜来说是难以想象的，她现在不得不在挂图的上边再拼接一张纸，才能有空间把月收入填进去。她的收入名副其实超出了图表！（参见图 7-1）

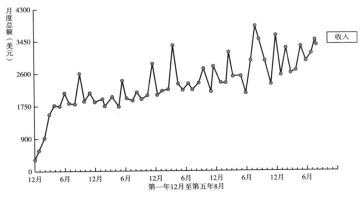

图 7-1　尼娜的挂图（含收入）

因为着眼于珍惜生命能量，尼娜的收入翻了两番。她的自我形象从"最低工资劳动者"变成了"执行董事"。

第七步不过就是珍惜你的生命能量和增加你的收入，因为有偿就业的唯一目的就是获得报酬。你这样做不是出于贪婪或竞争，而是出于自尊和对生命的感激。作为附加效应，你很可能会发现自己债务减少了，储蓄增加了，空闲时间更多了，工作时更有劲头了，工作之余更有活力了，客户更满意了，家庭更和美了，心情更平静了。

第七步提要

通过珍惜你在工作中所投入的生命能量来增加收入，用它交换与你的健康和诚信相符的最高工资。

"金钱观"讨论

围成一圈（无论是围着篝火还是围绕"金钱观"）讲故事都会启发我们如何做出更好的选择，不仅仅是关于金钱生活的选择，还有关于增添意义和幸福的选择。不妨邀请别人以这种独特的方式来倾诉和倾听，以此充实自己。

利用后记里关于如何开展"金钱观"的讨论的建议，日常与伴侣或朋友闲谈时不妨提出以下问题。记住，无论哪个问题，在末尾加上一句"为什么"会让它更有深度。无论哪个问题，补充一句"我给出的答案对社会有何影响"会让它更有广度。答案无所谓对错。

- 你有哪些办法在不出卖灵魂或损害健康的情况下使收入翻一番？

· 你的第一份职业是什么？最好的职业呢？最糟糕的职业呢？

· 你梦想中的职业是什么（不管是否领取报酬）？

· 什么是工作，我们为什么要工作？

· 你一生的追求是什么？

· 对于你为了钱而从事的工作，你有什么喜欢和不喜欢的地方？

第八章

跨过交叉点：
财务自由终于来临

到目前为止，执行这些步骤的副产品是支出最小化、收入最大化、债务还清、银行账户余额开始上升。在过去，你会考虑怎么把那些积蓄花出去：度个假、换个新款技术产品、支付首付款买套房子。但现在你已经完成了这些步骤，花掉手头所有的钱，甚至提前消费的旧习惯已经慢慢消减。你知道金钱就是生命能量，你下定决心只把它花在能给你带来快乐、有利于达到目的的事物上。过去那些逢见必买之物大多不再吸引你的注意力，为数不多的几样虽然付款买下，但往往在事后很快就后悔。你已经开始感受到拥有"足够"的自由感。

下一步呢？

这个时候，如果运气好，某位大有成就的路易叔叔、罗萨丽塔姑妈或者阿奇表哥会和你坐下来谈一谈"复利的魔力"——在这个概念中，你的钱开始为你效劳。他们会说："你还年轻，如果现在开始存钱，那么利用复利的魔力，到 50 岁时你就会是个有钱人。"

我？有钱人？

不妨就把这个章节当成那样一次谈话，而且不止于此。

执行第一步到第七步改变了你与金钱的关系，现在，第八步和第九步将改变你与未来的关系。

罗萨丽塔姑妈、路易叔叔或者阿奇表哥解释说，如果你拿积蓄进行投资而不是把积蓄花掉，你就能积累财富。你的钱会为你生钱。把它存进银行，你会得到利息；拿它购买债券，你得到的利息会更高；保守地投资股市，你会得到分红；把所有利息和红利进行再投资，就能积累更多的财富。"最终，孩子，你的钱将为你打理一切，你将在财务上实现自由。"

这位亲戚其实现在就在你身边，那就是你的挂图。这份有关你财务生活的简图比你以为的更具力量，它将改造你的生活，使之发生深刻的变化。务必专心，一旦你看明白是怎么回事，它就很简单了。请注意看，一旦你的支出线下降，收入线就会上升，债务消失，你开始有积蓄。

在第七章，我们看到了尼娜的挂图，她的收入线突破了图表顶端。现在我们再看一遍，这次添加了支出线（参见图8-1）。你会注意到它非常符合常规。

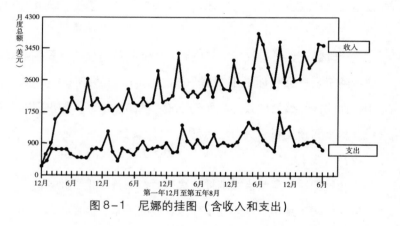

图8-1　尼娜的挂图（含收入和支出）

尼娜在贫困边缘生活了多年，她没有太多大手大脚花钱的习惯要改，所以她的支出线很快就稳定在了每月950美元左右。图表上没有显示出来的是，她的"可自由支配"的支出去向从"填补空白的娱乐"变成了"有助达到目的的活动"，她的内心平静感稳步增强。我们在第七章里说过，她的收入线突破了挂图，除了专业工作以外，她还为当地一家小公司做一些兼职工作。尼娜的挂图在根深蒂固的节俭者当中非常典型，这些人的挣钱能力无极限。

伊莱恩的挂图（参见图8-2）在有稳定收入、花钱如流水的人当中非常典型，她坚持不懈地遵循本计划中的原则，将支出削减了一半，同时，她声称，她的生活质量和自尊都有提升。

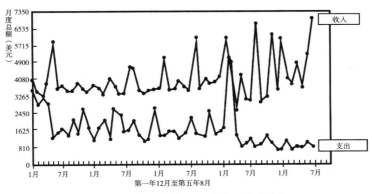

图8-2　伊莱恩的挂图（含收入和支出）

资本

你在这两张挂图上都能看到收入和支出之间的空白越来越大，那就是积蓄。在有 FI 思维之前，这块空白意味着有更多钱可花。在有 FI 思维之后，你对这些积蓄的看待角度不同了。FI 思维把这块空白称为"资本"。

资本是能赚钱的钱，不是存在银行里的钱。不管是 50 美元还是 500 美元，你的资本都可以开始产生收入。通过执行第八步和第九步，你将看到，财务自由并不专属于1%或10%的人。任何人都能实现财务自由，只要你选择改变与金钱的关系并积累起足够的财富，这些财富如果投资得当就能带来一生的被动收入。伴随着第八步，彻底实现财务自由的大门已经向你敞开。

我们来弄懂个中奥妙。

挂图上新增一条线：月度投资收入

你从资本中所得收入的性质有别于你的工作收入。不管是否上班、是否用电子邮件把最终方案发给客户、是否达到月度销售目标，你都能得到它。你的各种投资持续不断地给你带来这笔钱，有股息、有利息、有租金支票、有企业利润。你不能简单地把它归入月度总收入，而要使用以下公式在挂图上创建第三条线：月度投资收入。

第八步：资本与交叉跨越点

每个月把以下公式运用于你的累计资本总额，将结果填入挂图：

（资本 × 当前长期利率）÷ 12 = 月度投资收入

简单地说，当你挂图上的月度投资收入线"交叉跨越"支出线时，你就"跨越"到了财务自由状态。下面来解释是怎么回事。

你的累积总资本就是你拥有（通常存在活期储蓄账户里）而不打算花掉的钱。对于当前利率，不要使用你支票账户上的利率，要使用长期（30年）美国国债或者定期存款（CD）的当前收益率。美国国债的收益率是最能反映债务工具现行利率的数字之一（我们并不是说要购买美国国债，只是使用这个利率），它是对这种长期投资预期收益的一个保守估计。把这个百分比运用于你的资本并不意味着你现在就有了那笔收入，它是模拟你以后将从 FI 投资组合中获得的收入（我们将在第九章中深入讨论这一点），从而使你得以执行这个关键步骤，即预测 FI 收入。

为了计算起来简便，我们将使用 4%，但它只是为了便于我们讨论，既不是对你准备进行投资时所面对利率的预言，也不是承诺。一旦启动，你可以拥有多种投资，它们将最终决定你的预计投资回报率（ROI）。不管那些投资是什么，关于金融，我们可以肯定的是，即便是最稳妥的投资，收益也会有波动。所以眼下别太操心你的收益数字，使用当前利率就是了。

有意思的是，在传统的财务规划中，4% 也是计算养老收入的一个关键百分比，它被称为"安全提款率"。金融界人士普遍认为，就股票和债券基金混合型投资组合而言，每年提取 4% 的资本是一个安全稳妥的额度，可让你在不上班挣钱时仍然有钱花。这个 4% 规则能保全你的资本，防范通货膨胀，并让你的年收入足够你开销。这个概念在本质上有点像"恰到好处原则"。如果你预估每年提款 3%，那可能会不够支付你的开销。然而，每年从你的资本中提取 5% 可能会让它太快地枯竭。

请记住，这是一个一般性例子，不是具体的财务指导。由于安全提款率和当前长期债券利息使用相同的百分比，在下面的例子中采用 4% 是合理之选。

假设你有 100 美元的积蓄。如果你把这 100 美元资本投资于一只支付 4% 利息的债券，等式就会是这样的：

$$（100\ 美元×4\%）÷12 = 0.33\ 美元$$

每投资 100 美元，你将每月得到 0.33 美元，在债券或定期存单的有效期内一直如此。最初的 100 美元原封不动，你到最后会收回。但这只是开了个头！

因此，如果你在制作挂图的第一个月有 1000 美元的积蓄，当前利率是 4%，那么，你的等式就是：

$$（1000\ 美元×4\%）÷12 = 3.33\ 美元$$

很简单，这意味着你现在积攒的 1000 美元有能力每月挣得收益 3.33 美元，前提是你把它当作资本并将其投入债券或其他等效投资。在这个例子中，你将在挂图上标记 3.33 美元（稍后我们会在尼娜的挂图上看到）。

诚然，与挂图上高企的收入值相比，它是一个很小的数字，但它毕竟是债券有效期内每月都会有的 3.33 美元进账（一年就是 40 美元）。为了增添一丝趣味，不妨试着把它转化成某种有形的东西，转化成你认为生存所必需的一些开销。可以是你一个月里买米的钱，两个星期的咖啡豆钱，或者手机话费账单的一部分。

坚持每月用这个公式对你的累计积蓄总额进行计算。例如，如果你在第二个月又省下了 500 美元，把它跟之前的总额 1000 美元相加，该月的等式就是下面这样：

$$（1500\ 美元×4\%）÷12 = 5.00\ 美元$$

标出这个数字，把它与之前的数字连线。几个月之后，你的挂图上将有第三条线从底部缓缓攀升。这条线代表的是月度投资收入（参见图 8–3）。

一旦你的收入和支出变得稳定，你就可以计算自己的"终点线"

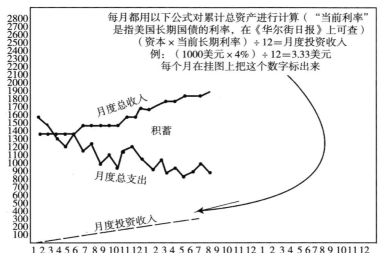

图8-3 运用公式对资本进行计算得出月度投资收入并填入挂图

了，也就是你需要多少积蓄和投资多少钱才能使就业可有可无。要做到这一点，不妨把前面的等式反过来想。假设你的年均支出是36 000美元或者说每月3000美元，你希望在退休后能维持4%的安全提款率。基于这些数字，你可以算一算自己需要多少资产才能宣布财务自由。

$$（3000 美元 × 12）÷4\% = 900 000 美元$$

钱胡子先生将这个快速估算法总结如下："交叉跨越点"到来的标志是你拥有25倍于年支出额的资产——从实际作用来看，它可以让你无限期地每年提款4%。例如，36 000 美元的年支出额，需要900 000 美元的总资产（36 000 美元×25）来达到财务自由。

在第九章，我们将帮助你决定何时实现从储蓄到投资的飞跃。不妨假设你从投资5000 美元购买长期债券入手，这笔投资的收入将成为你月度投资收入数字的一部分。你积累的下一笔 5000 美元将以类似方式进行投资，下一笔、再下一笔亦然。

让我们回到尼娜的挂图，看看那是一种什么样的情况（参见图 8-4）。

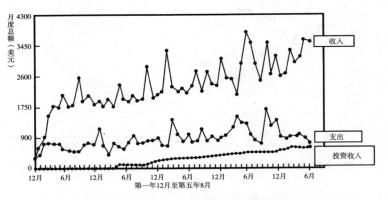

图 8-4　尼娜的挂图（含月度投资收入）

因为一开始欠着一些债，尼娜的月度投资收入线直到她在旅馆做保洁的大约一年后才显现出来。然而，一旦她开始积累储蓄并将其转换成资本，她的月度投资收入就持续上升。例如，在第四年的 1 月，尼娜的月度投资收入为 215 美元，而她的支出为 845 美元。到了下一年的 1 月，她的月度投资收入为 350 美元，支出仍然不到 1000 美元。现在看看第五年的 2 月，她的月度投资收入为 545 美元，支出仍在 950 美元以下。在这里，你看到的不仅仅是尼娜不断增加的投资收入，还有复利的魔力。

即使每月的新增资本金额是一个常增量（例如，每月积蓄总是 500 美元），复利也会确保你挂图上的月度投资收入线呈上行曲线而不是水平直线。这就是亲戚们可能会跟你谈到的复利的魔力。复利是指你把利息收入加到本钱里面，用收益率乘以它们的总和而不只是原始资本。例如：

第一年你用 100 美元赚 4%，资本新增 4 美元。

第二年用 4% 乘以资本（现在是 104 美元），赚 4.16 美元。把它加到资本里。

第三年用 4% 乘以 108.16 美元，赚 4.33 美元。把它加到资本里。

第四年用 4% 乘以 112.49 美元，赚 4.50 美元。把它加到资本里。

第五年用 4% 乘以 116.99 美元，赚 4.68 美元。把它加到资本里。

如此循环往复。

这种几何级数增长适用于一切每年都有增加的系统。按照快速估算法，任何东西若以 7% 的速度增长就能在 10 年内翻倍。你投资的钱、人口数量，还有你的债务，都是如此！（如果信用卡有欠款，现如今的信用卡利息从 12% 到 24% 不等。不妨用复利算一算。）鉴于我们采用比较保守的 4% 利率，你的 100 美元将在 18 年内变成 200 美元。

在尼娜的挂图上可以看到这种上升趋势。数额不大但持续增长的月度投资收入线稳步逼近保持较稳定状态的月度支出线。稍后我们将看到这一点的重要意义。但就目前而言，我们只需要注意到的是，仅仅通过执行这些步骤，尼娜的投资收入就逐月上涨。这种事也会发生在你身上。

你把积蓄都放在哪儿？

在积累财富的岁月里，你会首先想在银行账户里积攒流动（随时可取用的）现金。普遍的看法是，你应该在银行里存有 3 个月（理想情况是 6 个月）开销金额的流动现金。它毫无风险，因为按照联邦储蓄保险，假如银行倒闭，美国政府将给每个账户高达 25 万美元的理赔。但就连"银行"也不像几十年前那么简单了。你有各种选择。你会介意银行曾为有污点或不正当行为的公司提供资金吗？你会选择离家最近的银行吗？你会选择当地会员制信用合作社吗？你会选择在世界任何地方都能访问的网上银行以便获得稍高一点的利息吗？

我们称这笔流动现金为"缓冲资金"。很多人称之为"应急基金"，因为如果你必须飞回家去看望生病的父母，或者如果你的老沃尔沃烧坏了汽缸垫片而不得不换辆（对你来说的）新车，这笔钱就能派上用场了。你把日常生活的钱都存放在这里面，把收入存进去，用它来付账。如果你现在是"月光族"，攒下半年的开销或许显得根本不可能，但是别害怕！只要遵循本计划，你会做好准备实现远不止于此的目标。

"缓冲资金"之外

在第九章，你将了解到最有可能保住本金并创造收入的投资工具。乔·多明格斯曾建议购买美国国债来达到这个目的，但我们会看到，美国国债的黄金机会早就一去不复返了……而且我们不知道它何时（或者会不会）再现。正因为如此，第九章还将讨论财务自由人士自1992年本书首次出版以来这些年里使用过的其他策略。

眼下的重点是增加你的流动现金，然后购买阶梯式定期存单，即存期相互错开的定期存单，或者按照时下的"财务自由，提前退休"理论购买指数基金（在第九章里有介绍）。

你们当中某些人可能已经幸运地拥有了储蓄机会。如果你的公司提供401（K）之类的退休计划，那就好好利用它吧，因为许多雇主会平均按每份薪水的6%与你等额缴费，这基本上就是给你免费的投资本钱。这笔等额缴费一下子就让你的钱增加了一倍，到目前为止是你投资的最好收益之一。而且，它是免税增长的。现在大多数401（K）由大型经纪商管理，他们会为你提供从共同基金到债券基金的各种可选择方案。对于那些从事个体经营的读者，你也可以开设401（K）或简化的雇工养老金计划（SEP），通过你的企业进行缴费。

如果雇主没有这样的计划，你不妨考虑开设个人养老金账户，即IRA。随便什么人都可以开设这种账户，跟由雇主提供的养老金账户差不多，IRA也享有税收优惠并免税增长。401（K）和IRA都是很不错的账户，所有工薪阶层都能以这样那样的方式加以利用。

其他可选择方案不胜枚举，这里只是概述人们把积蓄变成创收投资的一些常见方法。

听起来也许奇怪，但眼下，你把钱存在哪儿、怎么存对你的月度投资收入线并无影响，你只要不断地存就是了。到了后面，等你实现财务自由而要投资获取被动收入时，你将不再需要这条线。我们在前面提到过，你是要以这种方式来预测你将从FI投资组合中得到的收入。不管是支票账户、定期存单还是养老金账户，你都对手头资本套用4%的公式，由此生成对收益的预测。

交叉跨越点

总有一天，看着挂图，你会意识到自己能预测未来的月度投资收入线走势。

由于你的月度总支出已经形成了一个相当稳定的趋势，这条线的走势同样完全可以预测。假如你的支出稳定在一个区间内，比如2800~3200美元，你就选择较高的那个数字，以便在预测财务自由后的支出时感到底气十足。这将平息一些人可能会对无法预见的开销怀有的担忧。

你会注意到，在不久的将来，这两条线（月度总支出和月度投资收入）将交叉。我们称之为交叉跨越点（参见图8-5）。越过交叉跨越点以后，你的月度投资收入将高于月度支出——于是你的就业正式变得可有可无。

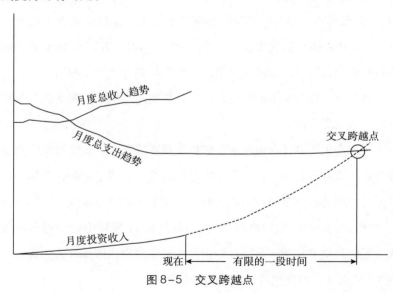

图8-5　交叉跨越点

"交叉跨越点"为我们提供了"财务自由"的最终定义。在月度投资收入超过月度支出的那个交叉跨越点，你将实现传统意义上的财务自由。你将从职业以外的来源获得被动收入。

看得见的时间给人力量

这一认识对许多人产生了强大的影响。想想吧，如果你把生活看得比职业更重要，并且能够设想只需要在一个有限的、可预见的时间范围内为了钱而工作，那么你工作起来可能会更有干劲、更讲诚信。当你意识到自己只需要为了钱而工作有限的一段时间，你在学会珍惜生命能量时开始具备的自信、振作、奉献、诚信、以工作能力为荣和高度负责的品质就会显现出来。

拉里是一家大公司的人力资源员工，历时多年跟踪记录、进行评估和制作挂图（参见图8-6），当他能够计算出自己将在有限的一段时间内到达交叉跨越点时，他在工作中简直像变了一个人似的，连他自己都惊诧不已。

"终于，我看到财务自由即将到来。一切都在计划之中。我不再担心会不会有人解雇我，不再担心会不会下岗，也不再担心会不会得罪人。我受到了极大的鼓舞。"（他妻子说，他下班回到家时宣告："我什么都不怕了！什么都不怕了！"）

"我在工作中开始不断取得成功。这从其他人的角度来看有点恐怖，因为我精力过人、信心满满……在那不知是6个月还是8个月的时间里，我谈了几笔大概是最难谈的协议，而且没有失

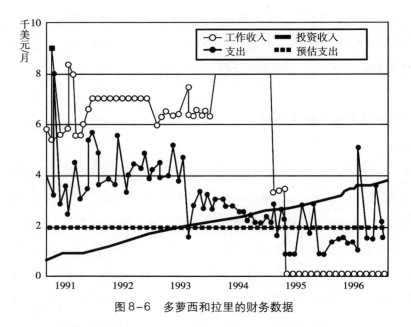

图 8-6　多萝西和拉里的财务数据

手。不仅没有失手，我在每件事情上都大获全胜……如果哪位经理在某件事情上真的搞砸了，我会说：'好吧，交给我，我会处理的。'这对我、对公司都非常有利。"

花点时间想一想，如果你知道自己将为了钱而工作有限的、可预见的一段时间，并不需要一直熬到传统退休年龄，那会发生什么事情。你看起来仍然在为老板工作，但心里知道你是在为自己的自由而工作。如果你接近退休年龄，考虑一下少工作几年而把这几年时间添加到退休岁月里怎么样？如果你是 40 多岁，或者哪怕是 30 多岁，不妨想象一下你的后半生可以按照自己的意愿而不是按照被迫的方式度过。

对于那些不实现财务自由不罢休的人来说，本计划的一个基石就是：现在专心挣钱，以便今后不必挣钱。所以你是集中、有意地在有限的一段时间内挣钱（不出卖正直诚信，也不危及健康）。

现在世界上有一个"财务自由，提前退休"践行者群体，他们想自由地规划设计自己的生活。在弄清楚财务状况和对生命能量的使用情况之后，他们得以成为自己命运的主人。他们并不全都是通过投资"为生活做好准备"的。是的，有些人真的在余生依靠他们在积累阶段慢慢积攒的资本来生活。他们一次性挣足钱，从此永远自由。无论如何，不是每个人都这样。对有些人来说，"财务自由，提前退休"更像是一连串休假：工作，存钱，投资，辞掉有偿就业去旅行、学习、育儿或进修，几个月或者几年后重新进入有偿就业。有些人每年有9个月坚持"财务自由，提前退休"信念，夏季从事季节性工作，如此往复。有些人以"财务自由，提前退休"为基础，另外再赚点外快。有些人继续工作，也许尝试一些新的东西或者自己创业，但心里明白其可有可无，因为他们有来自投资、养老计划或社保的FI基础。

也许，你的自由会把你引向另一份职业、另一个不可抗拒的商业理念或者另一种开销更大的生活方式，致使你回归有偿就业，但即便那样，你的第一个有限时间段也会永久性地改变你。你知道自己可以再来一次。你有过经验，成竹在胸，对一切都心中有数。

山姆拥有一个农庄。他想让大家重新到这个国家的中心地带去居住，他和妻子唐娜决定努力使自己的个人经济与地球的生态相一致，于是回到了位于堪萨斯州的家乡。他们从一个朋友手里买了一些土地，拆了一个旧谷仓，并利用拆下来的木材，在60个朋友和山姆的父亲（木匠兼石匠）的帮助下建造了一座被动式太阳房。与此同时，山姆给父亲打工，帮忙拖运垃圾，唐娜则去护理学校学习一门无论什么时候都会有市场的技能。在做每件事情的时候，他们都力图体现自己的价值观——自给自足、庭院经济、节能、吃自家园子里种植或本地种植的东西。他们凡事都放慢步伐，谨慎地量入为出，避免给自己找麻烦。理想情况下，他们希望减掉超过一半的标准支出（比如租金以及大部分食品和水电等公用事业费），生活在应纳税水平以下。山姆收集垃圾一天只需要5小时。与此同时，唐娜当护士一周工作两天。

他们的生活甜甜蜜蜜，基本能达到收支平衡。但在他们前往伊甸园的路上发生了几件事：两个孩子需要抚养，健康保险需要缴纳，从山姆的父亲那里买下烂摊子的生意，汽车报废，房子不断需要修修补补。在简单生活的外表下，他们陷入了典型的"钱已花光而日子还很长"和"钱都去哪儿了"综合征。看起来，伊甸园和郊区一样，到处是陷阱。

正在此时，他们发现了本书里的计划。山姆认识到了"有限时间段"的意义，他的生活豁然开朗。收集垃圾的工作没什么不好，但一辈子都干这个可并不吸引人。真正激发其想象力的是，他可以在财务上自给自足，致力于在他们的16 000平方米土地上开发一个能永续性产出的农庄，并帮助邻居们找到恰当的搭配和轮作方式好在堪萨斯州西部半干旱的草原上可持续地养牛，种植小麦、饲料谷物和其他作物。

他想做这一切不仅是为了自己，也是为了更多的人。他眼见着小农场主渐渐消失，他所在地区的人口数量逐年减少，平均年龄逐年上升。他想通过以身作则来改变这一点。他心想，也许年轻人可以进城花10年时间实现财务自由，在资金需求得到满足的情况下回到这个国家的中心地带，然后重振自给自足的农场和小城镇生活。或许，他的小小努力不仅能为自己的家庭、也能为其他家庭和美国乡村创造美好的生活。

"有限时间段"使山姆的选择不再局限于经年累月地收垃圾，如今他的未来包含了很多其他项目。在学习 FI 课程的 4 年后，他到达了自己的交叉跨越点。他的投资收入与他收垃圾的收入不相上下了。他可以停止为了钱而工作，开始为了自己的梦想而工作。

缓存金

看着那个交叉跨越点，你也许会把握不定在余生中是否真的能靠被动收入获得经济上的保障。那可是很长的一段时间。对"万一"情况的担忧会开始挥之不去，令你忐忑不安。

此时就要说说财务保障的第三个要素了：缓存金。

缓存金是指除了核心资本和缓冲资金之外的储蓄。在拓荒者时代，缓存金就是地里的一个坑，旅行者们把太重而不便于随身携带的物资埋在那里留着以后用。在 FI 计划中，你的缓存金是（在资本和缓冲资金以外）额外存下的一笔钱，以备未来之需。

罗斯玛丽预估中的交叉跨越点日益临近，她发现自己越来越心神不宁。她已经习惯了自己的职业，一想到要关掉那个可靠的水龙头而只靠债券收入过日子，她就感到害怕。在理智上，她知道自己的债券收入是足够且有富余的，但她仍然怀有不理智的恐惧，担心在 FI 突然行不通的情况下无法重新进入就业市场。她想："也许这就是高空秋千表演者在估摸什么时候撒手能抓住另一个秋千时的感受吧。"她的安全网（缓冲资金）已经到位，但它让人感觉很遥远。她决定把网拉近一点，并通过建立缓存金予以加固。有了在银行里多存的几千美元，她发现内心的烦恼迎刃而解，那个曾经萦绕于心间的烦恼就是："如果在同一年时间里汽车彻底报废、生一场大病、房子被烧毁，那该怎么办？"

可是，如果你不再为了收入而工作，那么缓存金从何而来？

大多数人发现，一旦退出有偿就业，他们的开销就显著下降。通勤费用没有了，装点门面的置装费用没有了，中午下馆子的费用没有了，还有其他很多诸如此类的开销没有了。因此，由于交叉跨越点是基于你有偿就业时的总支出，你也许会发现自己在财务自由后的投资收入越积越多。这就是我们在对"财务自由"下定义时所提到的——足够，且有富余。

再者，你的 FI 习惯不会到此为止。你在改变与金钱的关系的过程中学到的东西将伴随你一生。谨慎的、有意识的和创造性的支出方式使你的开销减少。最后还有一点，你在积累阶段买的很多东西（比如耐用的汽车、高端露营装备或乡下的房子）永远无须更换，它们是你在实现财务自由以前的花销。积蓄进一步增加，缓存金继续充实。财务自由后的所得税比高收入日子里要低得多，而且应当会一直如此。缓存金再增加。最后，你还可以挣外快、做兼职、收礼物、继承财产，甚至开始一份恰好能挣钱的事业，这些也能充实你旨在防备意外开销的缓存金或增加你的投资本钱。（没人说过你不能重返工作岗位，对吧?）

缓存金的最初功能或许是心理上的。它会向你证明你确实拥有足够的钱且有富余，从而消除你心头对"万一"发生的情况挥之不去的担忧。

有了缓存金，你就可以在必不可少的大件物品确实破旧不堪时予以更换，比如汽车、自行车、后牙的牙冠。你的缓存金是一笔活的资源，不是有可能花光的一次性资金。

资本、缓冲资金、缓存金，它们是财务自由的三大支柱。

不过，你还有另外三大财富支柱可依靠，它们可能比金钱更重要。

自然财富和财务依存

设想你精明的路易叔叔或伶俐的罗萨丽塔姑妈都有一个犹如家庭黏合剂的伴侣。蕾切尔婶婶和马诺洛姑父富有爱心，他们做饭，放音乐，开玩笑，让每个人都舒适自在。他们会给你一个拥抱，对你说："钱不是万能的。有自尊，有爱，有家人，并且乐于助人，那是你真正的财富。"

这不是非此即彼的。你所有的亲戚都有其独特之处。本计划之所以有效，是因为它用两条腿走路：你的美元生活和你的（最广泛意义上的）爱的生活。

一种是国家货币，是我们用来进行贸易和投资的钱。

另一种是自然货币，是彼此视为亲属的人（以及所有生物）之间无止境地付出和获取。

国家货币是一种相对较新的人类发明，由银行等金融机构掌握，由我们所不能控制的人和机构发放。

自然货币伴随着第一个有生命的有机体诞生，它创造了与其他有机体之间互利互惠的交换。一切生命形式若要延续，它就要给周围的生命形式提供一些好处。我们越是让自己的生活与他人产生有益的交织，获取我们想要的东西所需要的钱就越少。你能明白这一点，因为你已通过执行第一步到第七步，发现一旦进入共享经济或者 DIY 经济，减少消费就不仅可以做到，而且令人愉快。进入共享经济既包括使用图书馆等公共服务，也包括使用克雷格分类广告网站等点对点交换二级市场。在 DIY 经济中，积蓄不过是赋能的副产品。你的开销减少不仅仅是因为你节俭，还因为你变得更有技能、更有爱心、更乐于分享、更体谅他人、更经常地付出和获取——你根本不需要那么多属于自己的东西来过日子。节流和攒钱本身并不是目的，它是执行这些步骤的副产品。

这就是自然货币。这是关系型经济，不是交易型经济。这是财务依存，事实上是我们大多数人都有所依赖的财富，它是我们大家在和平共处时共有的财富。无论你信与不信，它都是确凿无疑的。干净的氧气依然会流入你的肺，数不清的道路、桥梁和文明机构仍会在那里为你效劳。不过，在这种相互依存的爱情经济中游刃有余的人也会在财务上更为自由，也就是说，不那么依赖财务来满足他们的需求。

蕾切尔婶婶和马诺洛姑父会说，真正的财富是你掌握的技能、生活中与你同行的人以及你尽己所能为之做出贡献并获得相应回报的社会。它们就像基本常识一样浅显易懂……

自然财富的基本要素

能力包括你的技能和知识——你会做哪些事。

亲友是在生活中与你同行的人。

社区是你（在现实生活中乃至在网上）所处的群体——邻居、城市、环境和大自然。

在将挣钱、花钱、省钱的方式与目的和满足感一致起来的过程中，你会凭直觉创造自然财富，能力、亲友和社区就是这笔财富的三种形式。一旦不再追求虚幻的战利品（更多、更好和新鲜的东西），你就会追求真切的战利品：朋友、家人、分享、关心、学习、迎接挑战、亲密关系、休息、陪伴、保持联系和受到尊重。换句话说，就是生活中那些免费的最美好的东西。跟一切自然事物一样，创造这笔财富需要时间、精力、耐心和对等（有利于建立人际关系的那种有来有往）。

若在财务积累阶段创造自然财富，你的 FI 可能就会来得更快、持续更久，而且你会快乐得多。

能力

能力是能为你节省很多钱并在需要的时候挣来钱的"自己动手"（DIY）技能。我们在前面几章里指出过，假如你观看一段 15 分钟的免费在线视频，用不到 1 美元就能亲手修好水龙头垫圈，却出钱请管道工上门服务，当你意识到这样做要耗费多少生命能量时，你就会下定决心自力更生。成功完成几次 DIY、尝到甜头后，你就会琢磨再学点什么。修吸尘器（软管里塞了一团猫毛而已），然后是汽车音响（连接线松了而已），然后你按照附带的说明书亲手更换坏掉的食物垃圾处理机。你也许会渐渐地学会 DIY 露台或装修，经常能向他人施以援手并（如果你愿意的话）创造利润。在这个过程中，你一直在省钱，在增强自己的能力，在积累各种各样的技能，假如将来需要额外的国家货币，你实际上就可以将这些技能货币化。

也许，成为修理高手并不是你所希望的，但你喜欢烹饪。也许，在发现下馆子要耗费多少生命能量之后，你会焕发从零开始学做饭的激情。也许，你和伴侣一起上了几节民族特色烹饪课，做饭成为你们最喜欢的一种娱乐。这不仅意味着花更少的钱吃上营养丰富的美食，通过承办酒席、到餐馆当厨师或者成为一名拥有大量客户的私厨，这个能力还可以挣钱。

摄影可以是一种爱好、一种艺术形式，也可以是一份职业——如果你热爱摄影，那么所有这些就会相互交融，成为一种乐趣。自行车修理、房屋粉刷、网站建设、社交媒体营销、会计工作等，这些都能帮你省钱，并凸显你的价值。有时候，与其投资于某个金融工具，还不如花钱参加此类技能的培训或者考取相关证书。若获得急救医疗技术人员认证，你就可以成为一名受欢迎的志愿者或者收费的专业人士，并为孩子树立更好的榜样。

实现财务自由后，你仍是经济的一部分。要继续培养技能，那样你就会保持 FI，而且还能够在有需要时再度挣钱。拥有多种技能和能力是复原力的关键之一，而所谓复原力，就是无论金融市场发生什么情况你都游刃有余的能力。磨炼技能会给予你筹码、自由和选择。能力的多样性是你可以在一生当中积累起来的一种财富，你可以用它来挑战自我、帮助他人、在所属社区发挥作用、在必要时赚钱并勇敢地面对生活。

戴蒙走的是传统路线——接受大学教育，一辈子效力于一家公司，到了"晚年"从公司退休。虽然他很重视这份收入，但一辈子受工资奴役的生活似乎缺乏吸引力、没有安全感且难以挣脱。他突然间意识到，若没有了钱，他就没有技能来满足自己的基本需求（如，食物、水、住所）。怀着使命感，他削减了开支，攒下一笔钱，开始自己做生意。利用富余的时间和金钱，他报名上了一所野外生存学院，学习如何自给自足地生活，如何一无所有地在野外求生、搜寻食物、自己种植食材。他投资国家货币创造自然财富，展现在他面前的是有归属、有爱、有快乐的多彩生活，并有足够的钱来满足需求。

你能学会为了爱也为了钱做些什么？你一直想弄懂或者从来没想过自己能掌握的技能是什么？你能为掌握这门技能设定一个目标吗？你小时候喜欢做、现在可以训练后作为副业或生存技能的事情是什么？终身学习是幸福快乐的秘诀。花些时间和精力学习生存并帮助别人，你就永远不会感到无聊。它将使你在结束有偿就业的多年以后仍保持机敏的头脑并在社会中有一席之地。

亲友

当你需要帮助时，你可以向谁求助？谁会满怀同情地听你倾诉？当你生病的时候，谁会给你端来饭菜？谁会因你快乐而欢欣？人与人之间爱与忠诚的纽带一直伴随我们度过黑夜、度过人生。流动性、城镇化和追名逐利夺走了我们生活中的时间，让我们无暇顾及获奖作家里亚娜·艾斯勒（Riane Eisler）所说的关爱经济，但财务自由人士正在扭转这个趋势。关爱经济不仅使生活成本降低，而且使生活中充满人生真正要追求的东西：付出与获取。也许，哈里叔叔来帮你修过水龙头。后来你到朋友莉莉家，用哈里叔叔教会你的本事帮了她家一个忙。然后你生病了，莉莉送来了煲好的汤。这一切以亲密关系为通货循环往复。

曾几何时，教会和家庭以这些互帮互助的方式把我们的生活联系在一起，但现如今，越来越多的人脱离了这种传统的关爱之网。美国有40%的人自称属于某个教会，但其中真正到教堂做礼拜的人不到20%。[1]在其最近一次对美国宗教情况的调查中，盖洛普报告说，宗教在我们的生活中越来越不重要了。[2]据美国人口普查局的生育和家庭统计部门称，在从1970年人口普查到2010年人口普查之间的40年里，由已婚双亲和子女组成的家庭所占比例减半，从40%降至20%，而单身家庭的数字从1970年的17%上升到2012年的接近28%。[3]

上了年纪的婴儿潮一代敏锐地意识到，他们的互助圈子已经变得人员稀少，他们的稳固关系十分匮乏，而与此同时，社会安全网日益削弱。这发人深省、令人恐惧，对许多人来说也能激发积极性。临终关怀群体、就地集中养老群体和读书会正针对这个需求，建立起本地关爱网络。彼此疏远的家人在讨论如何安置年迈父母的问题，情况乱作一团。这就是为什么终生努力积累亲密关系财富对于本财务计划至关重要。

你过去的哪些关系需要修复，你能进行修复使彼此间消除隔阂吗？大多数精神治疗（包括匿名戒酒会和其他康复计划）建议你诚实地看待人际关系：你伤害过谁，你至今仍怨恨谁，你需要跟谁和好。这并非偶然。孤独是一种流行病，而且代价高昂。亲密关系财富既有天然好处，也有经济好处：亲友间能够分担家务、相互扶持，有助于每个人节省时间和金钱。人际关系良好的人总会有人跟他们一起做饭、开车送他们去机场、帮他们搬家、给他们介绍未来的就业机会。这有时被称为"社会资本"，也就是你通过互利互惠关系网创造的财富。

约会和结婚是积累"亲密关系财富"的一种方式，在本地社区培养持久的友谊和关系也很关键。一如舞蹈是一种技能，建立亲密关系也是一种技能，培养这种技能的办法很多，包括倾听、多做善事和参加一些有仪式感的活动，比如，和家人每周通一次电话、每月举行一次闺密或男性友人聚会，或者参加读书或手工团体。

社区

把关系圈子扩大就是自然财富的第三个支柱了：社区。社区是一种天然的人类货币。它之所以堪称货币，是因为它能促进社区内部在金钱经济以外进行共享和关爱贸易。我所在社区最近采用了一种互助模式来帮助就地集中养老的人——想想长期护理的费用吧，这能省一大笔钱！社区的信任程度越高，可免费共享的资源就会越多。近在咫尺加上沟通便捷可以释放出一大批未被充分利用的东西，这样，一件物品就能让多人受益。与世隔绝是昂贵的，共享则是财富——有时候是字面意义上的，比如将你的汽车、住所或房车出租给他人，以此提供服务，但它还有更深层的意义，比如与财务交易无关的各种日常交流。

社区还涉及正确选择你扎根的"地点"——你所在街区的商店，你可以利用的社会服务，到市中心就能享受到的文化，农场的生产力，树林里的宁静。如果你要挑选在哪里定居，请在考虑房屋特点的同时也考虑周围环境。食物、水和电从哪儿来？你能不能不开车就买到需要的东西？文化生活怎么样？夜生活呢？不妨看看气候图，20年后会怎样？50年后呢？

如果你已经在地球上找到了自己的位置，无论是在哪里，你都可以积累这笔财富——在当地的咖啡馆里结识朋友，供职于非营利性组织，竞选市政府或县政府职务，给报纸写信，参加唱诗班，加入教会，等等。社会系统和自然系统加起来才能保障你的安全，滋养你的灵魂，激发你的创造力，为你提供长久需要的东西。

有关膨胀的基础知识

乔·多明格斯喜欢说："觉悟比通货膨胀增长得更快。"换句话说，你可以让技巧、能力、知识、好友和人脉比金钱更快地"膨胀"。学习社交舞可保万无一失。参加唱诗班，建设网站，一旦实现财务自由，你会有更多的时间去学习，有更多的时间DIY，有更多的时间与他人联络感情，有更多的时间花小钱找到自己需要的东西，有更多的时间在社区做志愿者或者加入教会。你的旅行可以既便宜又悠闲而非既昂贵又匆忙。跟上班时的处境不同，现在你做决定时无须过多地考虑方便性。

财富的基础还有哪些呢？是你的"东西"，你的经济和物质财富。我们没有强调它，因为它在关爱经济中只是一个微不足道的考虑因素。财务自由不过是安全和自由基石的一个组成部分，财务依存则包含全部四个组成部分：能力、亲友和社区，以及你来之不易的"东西"，这些构成你的全部本钱。你的国家财富和自然财富加到一起将使你无比富有。

了解财富的基础知识给交叉跨越点增加了一个更深层的维度。它不仅仅是终结对有偿就业的需求，它是跨过一道门槛进入更有爱心、更加充实、更加有趣的生活，无论是与蕾切尔和路易一起出席家庭晚宴、与罗萨丽塔和马诺洛一起做志愿工作、和阿奇一起钓鱼、竞选公职，还是在山洞里冥想40天。

抵达交叉跨越点是一个了不起的成就。你没有被别人强制退休，你是围绕对你来说最宝贵的东西调整了生活。你致力于用财务事实取代财务虚构，挑战许多关于自己、关于金钱和生活的旧观念。你已经从"更多就会更好"的梦中醒来，并定义了对你来说什么叫"足够"。你变得对自己的生命能量有责任感，对生活中进进出出的钱进行了追踪记录和评估。你已经形成了关于满足感的内在衡量标准，不再受广告和同侪压力左右。你已经探索了自己的价值观念和个人目标，逐渐围绕对你真正重要的事情来定位生活。你的生活由你来创造。

交叉跨越点恐慌

不过，这样的过渡可能会让人感到不安。

有一天，我接到一个电话，对方是一位富有热情和创造力的男子，多年来一直向我们通报他 FI 之旅的情况。

"我做到了，财务自由了。"

"恭喜!"我回答，对他的成就大加赞扬。

"你没搞明白! 我其实很害怕，有了这种自由我该怎么办?"

如果连这个富有创造力的人都感到害怕，那么其他人呢? 事实上，我们发现许多人在"交叉跨越"之前都撞到一堵奇怪的焦虑之墙。不，不是死亡将至，但对有些人来说，跨越到自由状态确实会让人感觉惶惶然。

为了平息在财务自由后可能会出现的焦虑，乔·多明格斯到了周末就会做他设想一旦自由之后将用全部时间去做的事情。他知道自己想在退休后开着房车周游全国，所以他在积累财富的那些年里设计了一辆野营车，周末到新泽西的一个州立公园露营。当他实现交叉跨越时，乔已经有了充分准备去好好利用他的空闲时间。

现如今"财务自由，提前退休"运动风起云涌，关于如何适应"那种自由"，我们知道得更多了——无论你多大年龄。以下是从博客和讨论板以及从我们自己的通信中精选出来的一些建议。

一开始你可能会胆战心惊，或者百无聊赖。你也可能会像走进糖果店的孩子般极度活跃，想要敞开胃口大吃一顿。你会熬过去的。你会逐渐形成一套日常惯例，不是依靠时钟，而是依靠内心的嘀嗒声。

不管你曾经在自己面前晃动什么美味来鞭策你前进，你要开始享用这些美味了。旅行，睡觉，在海滩待一个星期，投身政治活动。

许多人发现，他们曾经搁置的个人问题或身体问题突然爆发。这些问题等候你的关注已经很长时间了。这并不说明你过去做错了什么，这说明你现在状态良好——无论是身体还是灵魂。无论是30岁、40岁、50岁还是更老，你的身体都有可能需要关注，那本身就会需要你投入很大精力。

你可能会学习演奏乐器、绘画、在唱诗班里唱歌、跳踢踏舞或钓鱼，可能会加入极限飞盘队，可能会被社区剧院迷住，可能会忙着参加各种会议，可能会沉溺于多人在线幻想类游戏，可能会比以往任何时候的状态都要好，可能会冥想，可能会上门送餐。

你还可能会在自己的工作室里或者电脑上鼓捣，想出办法解决某个令人头疼的难题，并且传授出去，给你带来超乎想象的影响。

非营利性组织会邀请你进入它们的董事会。你将有机会质询："多少个董事会或委员会才算足够？"

诸如此类的事情财务自由人士都做过。

如果你跟这些财务自由人士一样，那么，你会发现自己搞不明白过去怎么会有时间承担一份职业。一旦在事实上斩断工作和金钱之间的联系，你就更有可能发现自己真正要做的工作是什么，更有可能把生活中零零散散的各个组成部分重新组合起来，更有可能使自己的生活真正完整。你的日子将会无比充实，哪怕那些日子里你不过是在闲逛、收拾、做饭或走神。一个活动接一个活动，毫无压力。（除非你喜欢压力！）没有什么事情是微不足道的，因为你投入了全部注意力，无论是冥想、叠衣服，还是在座无虚席的礼堂发表重要演讲。这就是经济学家朱丽叶·朔尔（Juliet Schor）所说的"丰富"。

你可以去工作，为了乐趣，为了回馈，为了灵感，为了渴望，为了自我改造，或者……一切都由你来定。

"选择"是财务自由的真正核心。它跟金钱无关，它关乎你往哪里投放最宝贵的资源：你的时间，你的注意力，你的生命。

在"交叉跨越点"之后如何生活并无一定之规。这是重点。你可以随心所欲地创造自己的生活。你可以随心所欲地按照巴克敏斯特·富勒（Buckminster Fuller）的指引去探索，他说："我们要当未来的建筑师，不做它的受害者。"

第八步提要

每个月套用以下公式对你的累计资本总额进行计算，在挂图上单画一条月度投资收入线：

（资本×当前长期利率）÷12＝月度投资收入

当你开始按照下一章提供的指导方针把钱用于投资时，就在挂图上的月度投资收入里填入实际利息收入（同时将公式运用于额外的积蓄）。在趋势变得清晰后，将这条线按照预测延伸到交叉跨越点，然后你就能估计出自己在实现财务自由之前还需要工作多长时间。

"金钱观"讨论

听听别人的想法和故事，从中得到启发。追求自由并不等同于单独行动。他人可以使我们更快地实现全部四个 FI：财商、财务诚信、财务自由和财务依存。

利用后记里关于如何开展"金钱观"的讨论的建议，日常与伴侣或朋友闲谈时不妨提出以下问题。记住，无论哪个问题，在末尾加上一句"为什么"会让它更有深度。无论哪个问题，补充一句"我给出的答案对社会有何影响"会让它更有广度。答案无所谓对错。

- 你对如何还清所有债务有什么想法——无论是切合实际的，还是异想天开的？
- 你希望自己在死后留下些什么？
- 假如你不必为了生计而工作，你会如何打发时间？
- 假如你可以休假一年，你会如何度过？
- 你现在能积累哪些技能或人脉来减少依靠金钱满足需求？

第九章

投资理财，以钱养钱

第九步： 进行投资来维护财务自由

这个步骤将帮助你了解并深谙创收投资之道，它们能提供一份持续的充足收入来满足你长远的需求。

这一章讲的是，在你接近并越过交叉跨越点时，你该把钱存放在哪里来维持你的财务自由。如果你没读这本书的其余部分就直接翻到这一章，期望学到一些热门的新型投资计划，那么请回到第 1 页。在阅读本章节之前，你必须已经通过就业打工、自己做生意、继承财产甚至成功的投资积累足够的钱，因而能够并渴望有时间去做比挣钱更重要的事。

赋予自己力量

在本书中，我们的主要任务之一是赋能——让你得以收回自己在不经意间交给了金钱的权力。我们在前一章已明确指出，你的资本可以产生月度投资收入，这样一来实际上就把你从"求死"般的拼命工作中解放出来。既然知道了金钱可以为你效劳，这一章就着重讲讲世界各地财务自由人士都采用哪些投资方案来保住财富、创造"且有富余"的钱并丰富其所属社区的生活。

所谓投资就是把钱放在某个地方，寄希望于得到更多的钱。财务自由人士通常采用以下一个或多个投资方式。

你可以保守地投资于债券（本质上就是向有利息保证的机构放贷）或循环贷款基金，它们会让你的钱在你所属地区或发展中国家发挥作用。

你可以在个人养老金账户（IRA）、401（K）或者经纪账户里投资各种共同基金或交易型开放式指数基金（ETF），这些基金是由基金经理或算法挑选的股票或债券组合。

你可以投资于房地产——既可以自住也可以出租。

你可以投资于企业——成为其合伙人或向其借款。

除了这些之外还有很多投资方式，但它们要么风险更高、需要更多的日常关注，要么在伦理道德上不可靠。短线投资者能赚（和赔）很多钱，但他们要每天不停地买进卖出。像衍生工具这样的金融产品（比如次级抵押贷款）有望带来丰厚的回报，但它们曾差点拖垮美国经济。对于你的资本，你可以想怎么投资就怎么投资。本章节只是提供一些指导，介绍有哪些投资机会适合本书中的 FI 模式。

"投资"并不意味着重新萌发"更多就会更好"的心态、学习如何使用资本"大赚一笔"。在践行本计划的步骤之后，你已经知道多少钱对你来说是足够的，进行投资的目的是让你确信自己在余生会拥有那个金额——且有富余。

本章节是要让你了解并深谙有哪些投资工具可以在岁月流逝中提供足够的收入，确保你有钱满足基本需求。所谓了解并深谙投资之道，就是你掌握了足够多的知识，因而不再有个人投资领域往往弥漫着的恐惧和困惑——从默文叔叔的热心忠告到电子设备上充斥的各种糟糕建议都会让人困惑。

这部分内容绝不应被理解为具体的投资建议，它只是指出在长远内储存财富的常见方式。跟本书的其他内容一样，这里的信息都是基于个人经验和 FI 界流行策略，仅做指导方针、大体原则和辅导资料。

简要词表

本章节不会教你如何在市场上投机，只会给出一些针对财务自由人士的指导原则，帮助你做出明智、保守的选择。以下是你要了解的几个常见术语。

风险容忍度

你能容忍多大的（赔钱）风险？也就是说，投资亏损超过多少钱会让你夜不能寐，担心不得不回归工作岗位重新积累财富？这个范围跨度很大，有保守的投资者丝毫不想拿自己的本钱冒险，也有激进的投资者甘愿为了追求丰厚的回报拿自己的全部本钱冒险。财务自由人士从天性上讲会避免后一种选择。在抵达交叉跨越点之前，你们当中有的人可能会冒着高风险追求高回报，另外一些人则不会。在抵达交叉跨越点之后，你会希望最大限度地增加被动收入而减少风险，这样你就可以尽可能不为钱操心。风险容忍度与多种因素有关，包括你的年龄、你的性格、你所掌握技能的热门程度、你自己和养育你的人的生活经历以及你对一般意义上金钱和信贷的态度。有些很不错的在线工具能帮你确定风险容忍度。

资产类别和多样化

资产类型通常分为：股票、固定收益（债券）、房地产、大宗商品（矿产、矿物燃料、作物）和外币。当一个资产类别升值时，另一个资产类别往往就会贬值，因此，管理风险的一个办法是对不同资产类别进行分散投资。财务自由人士的资产多样化方式往往是分散投资于债券、股票和黄金等。近年来出现了一些新的资产类别，包括个人对个人（P2P）借贷、贷款基金、公司里的股权众筹、与绿色能源有关的投资机会。

收益

获得投资收益的途径有5种。

1. 利息：是指债券、票据、定期存款或活期储蓄账户等固定收益投资定期支付的钱。

2. 红利：是派发给股票、共同基金、交易型开放式指数基金持有人或私营公司股东的利润份额。

3. 资本利得：是出售投资品或房地产时超出最初所投入金额的那部分收入（当卖价低于最初所投入金额时就会发生资本损失，致使你的被动收入减少）。

4. 租金：来自名下房地产（减去赋税、保险、抵押贷款、修缮等费用）。

5. 特许使用费：是知识产权、自然资源、特许经营权等的使用者付给所有者的钱。

时间

你的时间范围有多大——你还有20多年的时间去犯错并改正，

还是已经退休、需要让钱比生命延续得更久？

　　流行看法认为，年轻的时候应该冒着较大的风险去积累较多的财富，随着年龄的增长则转向着重于保全资本获取稳定的收入。按照流行看法，离退休还有几十年的年轻人应该投资 90% 的股票和 10% 的债券，因为他能够经受住盛衰起伏，最终仍会获利。较保守的投资者或者只想维持财富稳定的人（比如即将退休的人）可能会选择 20% 的股票和 80% 的债券。不过，财务自由人士一如既往地倾向于比流行看法更保守，因为他们着眼于提前退休并确保在市场行情下跌时仍处于交叉跨越点的上方。

收费

　　你的投资品买卖涉及的中间人越多，而且买卖越频繁，交易和管理成本就累加得越高，使你失去预期中的收益。主动式管理的共同基金需要给它们的经理开工资，经理们挑选股票的能力大概（但平均而言并不）强于扔飞镖。费用制理财顾问会从你的投资组合中抽取一定比例作为他们的服务费，或者按小时收取咨询费。指数基金逐渐受到财务自由人士青睐，因为它的收费低，而且（最近但并不总是）效益不错。

理财顾问

　　投资不一定要事无巨细、亲力亲为——除非你甘愿如此。你可以聘请一位顾问帮忙，甚至可以使用在线服务或经纪行，他们会考查你的投资目标、风险容忍度、价值观等，然后替你整理出一个投资组合。要确保你不会被不择手段的经纪人强迫购买能给他们带来丰厚佣金的产品。费用制顾问可一对一为你效劳，对我们当中许多人来说还有一项增值，那就是完成我们觉得自己不会或不愿做的细节工作，包括监测业绩、随着市场形势的变化调整持有情况以及进行全面的理财规划。切记货比三家！

社会责任投资

如果有些价值观对你来说至关重要，当你投资的基金包括了其政策或产品令你憎恶的公司时，你会睡不着觉。有这种情况吗？如果有的话，那你并非个例。幸好越来越多的投资方案会剔除有污染、武器制造或性别偏见等（对有些人来说）令人反感的做法的企业。随着时间的推移，社会责任投资的业绩总体上与未经筛选的投资相当或胜其一筹。[1]不过，增加这一额外的社会和环境调研通常就要稍微多付一笔费用。好的 FI 对策可能是算算费用差异，问问自己是否值得在今后多年里付出这笔差额来支持通过了社会、环境和管理审查的投资并从中获利。

我本人在大自然投资公司的顾问们对社会责任投资（SRI）简要解释如下。

由于使金钱与价值观一致是 FI 计划的核心，社会责任投资值得财务自由人士给予认真考虑。在挣钱、花钱、存钱和投资时的种种财务选择中，我们谁都无法逃避其伦理道德影响。金融界没有什么是干干净净的，但我们可以尽最大努力让自己的投资少作恶、多行善。

越南战争期间，开始有投资者不愿用他们的钱支持战争机器。自那以来的将近50年间，社会责任投资已经成为在全球达到23万亿美元的产业。在美国，22%由专业人士管理的资金投入了社会责任投资。

简言之，社会责任投资力求：

· 避免负面影响
· 寻求积极影响
· 对你所投资公司的政策施加影响

怎么做到呢？社会责任投资对社会和环境影响进行调研来避免政策和做法令人反感或不负责任的投资对象，寻求为社区、社会和环境带来积极变化的投资对象。社会责任投资还奉行股东行动主义，目的是对企业问责、改善企业的行为、吸纳社区投资来促进本地经济发展和扩大发展中世界的经济机会。

如今，社会责任投资和传统的资金经理会评估各种各样的环境、社会和管理（ESG）因素。金融界日益认识到，与环境和资源有关的关切有可能影响公司的利润。有些投资者转向环保行业去谋求更好的长期回报是出于务实，不是出于高尚。例如，有些公司对煤炭和石油的投资也许永远无法通过未来的利润收回成本，投资者对于矿物燃料公司在今后几十年的生存能力常常怀有疑虑。尽管社会围绕气候问题的讨论裹足不前，但保险公司和军方已经将气候变化纳入其运筹规划。

社会责任投资并不意味着牺牲回报，尽管它仍然有着这一来自其早期的名声。自20世纪90年代初开始，社会责任投资和ESG投资的回报已经达到或超过了传统的、未经筛选的投资。此外，社会责任投资的投资者还能收获社会、环境以及可称作良心上的回报。在气候和政治稳定极不确定的当今时代，许多人感到无能为力。他们发现自己可以利用社会责任投资对未来之轮的转动施加绵薄之力。

本词表旨在提供信息，但并不权威，也不详尽。本书的最初版本不需要这样一份词表，因为乔为财务自由人士制订了一套标准和适合需要的一类投资。

国债：乔的方案

1969 年乔·多明格斯刚刚过完 31 岁生日退休时，人们有相当稳健的"设置以后不必再管"（或称"一劳永逸"）的被动收入机会，通过养老金和对美国国债及政府机构债券的投资，即可确保资本的最大安全性和月度投资收入的稳定性。这些债券的利率在 6.5% 以上，而通货膨胀率在 3% 以下，这意味着任何投资者都能每年获利不菲。随后的 30 年是利率高企的美好时光，利率在 1981 年经济衰退期间飙升至将近 15%，1997 年，也就是乔去世的那一年跌回 6.5%。他在 20 世纪 60 年代为自己设计并且直到去世一直坚持的策略就利用了这一难得的机会。

图 9-1[2] 里的表格由"理财习惯"网站（the Money Habit）的创始人 J. P. 利文斯顿绘制，它极具说服力地阐明了乔为什么选择并推荐美国国债。

乔在 1980 年开始讲学时顺理成章地推荐把钱放进美国国债。数

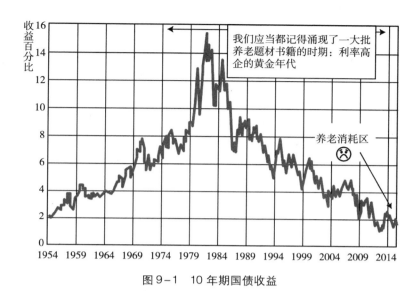

图9-1　10年期国债收益

以万计的人正是这么做的，此后一直保持了财务自由。我们在前面第五章里提到的迈克·莱尼希就是其中之一，他从1992年起忠实地、不折不扣执行了本计划。

　　千年之交以来的读者有时会对乔的投资策略既羡慕又鄙视，羡慕的是那些回报率，鄙视的是那些慢性子——股市为创造财富提供了那么好的机会，这些人却投资于债券。"哦，那是一本关于投资国债的书。"他们不屑一顾地说。事实上，它从来就不是这样一本书。它的内容除了如何管理时间以外，就是根据你的当下情况进行斟酌选择，以便一生拥有稳妥、稳定的收入。对乔来说，国债再合适不过了。

　　1969年，到了该理财的时候了，乔为自己设定了标准。他已经攒了7.5万美元，按今天的美元价值计算就是22.5万美元。他的钱平均挣8%的利息，按今天的美元价值计算每年能赚将近2万美元。

考虑到他的生活方式，那完全够花了。以今天的利率，他需要那个数额的四倍（接近不可思议的100万美元）才能达到他保持FI所需要的收入。

尽管乔的投资策略也许不再适用，但他关于FI投资正确原则的说法仍值得学习。他的标准如下：

· 资本有最大程度的安全保障
· 利息有最大程度的安全保障（"美国政府的完全信用"[①]能保证本金和利息受到保护）
· 免交州税和地方税
· 不可赎回（大多数国债不能由发行人提前买回）
· 有最大程度的可转让性、绝对流动性、全球可出售性——它们可以差不多即时买卖，手续费微乎其微，面额予人方便（比如1000美元、5000美元和10 000美元）
· 获取途径最便利——可通过"美国国债直销"网站（Trea-suryDirect）直接从联邦政府购买，也可通过大多数经纪商和世界各地的许多银行购买
· 获取费用最低廉——没有中间人，没有佣金，没有附加费
· 久期——可供选择的期限范围很广，你可以购买在短短几个月内到期的票据或债券，也可以购买30年后才到期的票据或债券
· 长远来看收入绝对稳定——对财务自由来说最为理想，可避

[①] 美国政府对债券到期赎回时承诺支付所有利息的保证。联邦政府机构发行的国债、债务证券和储蓄债券是由美国政府的完全信用担保的。——译者注

免货币市场基金、出租房地产等可能会出现的收入波动

美国国债入门

债券其实就是借条。债券发行人承诺到了特定日期（到期日）向债券持有人偿付债券上写明的金额（面值）。大多数债券还按一定百分比（票面利率）支付利息。这个数额虽然按年度利率报价，但通常分成两期，每半年付息一次。

国债是政府的借钱方式。政府每隔几个月发行一次新债券，到期日分为 10 年、20 年和 30 年以后。每次发行了新债券，第一件事就是向到期旧债券的持有人付清款项，剩下的钱用来弥合联邦预算的赤字。国债是政府最优先偿还的债务，国债的本金和利息必须到期即付，然后才能偿还其他债务。不这样做就会破坏美国政府在世界市场上的"信用评级"。

当年我和乔进行投资的时候，全世界对美国的偿债能力特别没把握，这就意味着美国政府不得不支付高利率来吸引它维系经济正常运转所需的贷款。因此财务自由人士得以拥有那些令人惊叹的机遇。对"设置以后不必再管"的 FI 策略来说，30 年期美国国债是一个大好机会。

债券价格随通行利率波动。因此，如果在到期前出售债券，你得到的钱比你购买时花的钱也许更多，也许更少（市场风险）。如果一直持有到它到期，不管当时的通行利率是多少，你能拿到的钱都不多不少是它的票值。

在刚发行时，美国国债可以通过"美国国债直销"网站直接从

美联储购买，无须支付任何佣金。这就省去了中间环节：没有经纪人，没有额外的经纪商费用。你也可以（花一点点费用）通过经纪人购买现存的国债。

个人购买美国国债（任何时候发行的而不仅仅是新发行的）还有另外一种方式，那就是通过"二级市场"向愿意出售的人购买。你付出的钱也许会比面值要高，或者更低，视通行利率而定。你在购买时可能还要支付一点点费用或佣金。有的人更喜欢在二级市场上购买债券而不是直接向美国政府购买，因为他们更喜欢与持有债券的"真人"交易，而不是为美国的债务融资。

虽然美国短期国库券、中期国库票据和长期国库债券的利率在2012年跌至2%以下的低点且至今依然很低，但很难说清是否（以及何时）这股潮流会转向，因而你会回来阅读这部分内容。如果你喜欢债券的低风险，但又不想把鸡蛋放在一个篮子里，那你可以购买债券基金，稍后会有介绍。

乔没有推荐公司债券，但有些财务自由人士若想尽量多赚点利息，他们就会觉得公司债券颇有吸引力。与美国国债和机构债券一样，它们是债务工具，利息每季度一次或一年两次支付，到期即可收回本金。与政府债券一样，它们有标准普尔（Standard & Poor's）、穆迪（Moody's）或其他评级机构给出的信用评级。要找信用评级在BBB以上的债券。

有些社会责任投资的投资者仍然希望从美国政府的"完全信用"保障中获益，他们也许会想购买美国机构债券而不是美国国债。机构债券扶持你可能关心的特定行业（农民、学生、房主、小企业），国债则为联邦预算的总体优先事项提供资金，有很大一部分用于军事和偿债。

切记切记

　　乔总是设法给新手提供必要的最低限度信息，让他们在投资时胸有成竹。但他总是会在提出建议的同时发出预警：天有不测风云。任何事情都是这样，这就是生活。如果你不喜欢，那就倒霉了。如果有人跟你说他有一个连傻子都能学会的赚钱办法而你竟然信了，乔会说你就是那个傻子。下面是一个具有警示性的故事。

　　过去乔只向感兴趣的朋友传授他的 FI 之道，他会在他们达到财务自由时送出一份礼物。乔会给他们一张债券，泛黄的俄国沙皇债券。在网上经纪账户或记名债券出现之前，债券是有息票的，你要把息票剪下来，带着息票到银行领取半年一次的利息。在乔送出的债券上，息票被剪到 1917 年——那一年，俄国革命使它们变得一文不值。50 年后，乔以一张大约一分钱的价格买下一箱这种债券，当时想着用它们当壁纸也许会别具一格。他把这样一张债券送给新近实现财务自由的人是要提醒他们：你的任何投资都不能保证地缘政治或经济条件不会改变，不能保证你的本钱在余生一直给你带来宽裕收入。投资须谨慎。

低成本指数基金：财务自由方案

　　如果不买美国国债，那买什么呢？大多数"财务自由，提前退休"博主依赖并建议投资某种形式的指数基金。1975 年创立投资管理公司先锋领航集团（Vanguard）的约翰·博格尔提出了一条让投资活动既容易又简单的革命性原则：以降低成本的方式将净利润返还给股东。通过取消销售佣金和尽量减少运营费用，先锋领航集团向"小人物"以及富达（Fidelity）和施瓦布（Schwab）等其他公司敞开大门。FI 投资者都已经学会适可而止（尤其是就金钱而言），对他们来说，除了债券以外，指数基金最接近于"设置以后不必再管"。

传奇投资大师沃伦·巴菲特曾表示："对绝大多数投资者来说，低成本基金是最明智的股权投资。"他解释说："例如，通过分期购买一只指数基金，什么都不懂的投资者实际上可以比大多数职业投资人赚得更多。"[3]

指数基金是共同基金或交易型开放式指数基金，旨在跟踪股票市场指数（如道琼斯工业指数、纳斯达克综合指数和标准普尔 500 指数）或债券市场指数的表现。使用指数基金进行投资时，你并不打算跑赢市场。你并不试图使用传统"积极的"货币管理或对个股进行"押注"。做指数是一种被动投资方式，强调总体多样化和减少投资组合交易活动。你的宗旨是寻求足够的回报来实现短期和长期目标，同时尽量少冒风险。这就是为什么费率低并有多样化潜力的指数基金非常适合 FI 投资计划。

然而，与债券不同的是，股指基金投资的是一批股票，它们的确会随市场行情波动。千禧一代"财务自由，提前退休"迷使用股指基金就像婴儿潮一代使用银行那样——手头留有少量流动现金，其余的投资于这些基金。经历过经济盛衰周期的人可能会惮于拿股市产品（与生俱来有风险）当银行（与生俱来安全稳妥），但对于只见过道琼斯指数一涨再涨的年轻人来说，考虑到在个人养老金账户或者 401

（K）里面进行投资的回报和减税的好处，不投资指数基金就太傻了。然而，请记住乔的"投资须谨慎"告诫：在过去 90 年里，股市遭受了 5 次严重打击（下跌 32% 到 86%），随后的复苏时间从 4 年到 27 年不等。斗胆提供以下数据：

· 大萧条：下跌 86%，复苏花了 27 年
· 20 世纪 70 年代中期：下跌 46%，复苏花了将近 10 年
· 1987 年年底：短短 3 个月里下跌 32%，复苏花了 4 年
· 大衰退（2007—2009）：下跌 50%，复苏花了 6 年（如果从 1999 年互联网巅峰时期算起的话则是 14 年，那个巅峰到 2007 年才再现）

年轻投资者有生之年发生的两件事——互联网崩盘和 2007—2009 年危机——是例外，因为它们花了不到 10 年就复苏了，但那并不意味着市场的周期性已终止。相比之下，债券基金的波动要小得多，出现不稳时也只损失区区几个百分点。

指数基金理念

约翰·博格尔的追随者自称博格尔一族，他们相信自己能有效地管理风险并获得高于普通投资者的回报，很多普通投资者试图择定市场时机或在下一只热门科技股上捞一笔。博格尔一族的建议可归结为以下理念：投资分散于多个资产类型的低费率指数基金，并持有多年。

那么，如何确保这些基金收费低呢？指数基金本质上是被动管理的，不同于费用高昂的主动式管理基金。投资指数基金可免于挑挑拣拣和进行抉择。就管理型基金，比如共同基金而言，经理挑选投资项目，设法跑赢市场指数。指数基金的行政管理较少，因而收费较低，对投资者更有吸引力。这些收费（或称费用比率）按你财富的百分比收取。（请注意，指数基金领域也有社会责任投资选项；0.22% ~ 0.50% 的费率远低于共同基金，但高于非社会责任投资指数基金。）

最后一个应考虑的因素是让你的指数基金分散于不同的资产类型。虽然许多指数基金费用较低、操作简单，但投资者仍有一些抉择要做。例如股票与债券、国内与国际、大型中型与小型资本基金以及上述种种的组合。可以是美国债券指数基金，也可以是国际股票指数基金。这些组合可让你的风险敞口面向世界市场的各个组成部分，降低总体风险。

充分利用公司计划

对于还在上班挣钱年龄的人来说，许多雇主的养老计划或个人养老金账户会提供低成本的指数基金。如果雇主提供养老计划，那你就审视一下自己有哪些被动管理的低成本指数基金可选。可能的话，一定要确保得到雇主补齐全额——那是值得的。上班岁月里给养老金账户缴款，你是在为未来存钱的同时减少整体纳税额。如果没有雇主计划，你仍然可以通过经纪商在个人养老金账户里进行投资。这类似于开立支票或储蓄账户，但具有长期增长潜力。你很快就会发现，按照上述建议，你的基金选择范围将缩小到为数不多的几个可选方案。如果这听起来有点枯燥，那就对了。长期投资不是快速致富计划，也不需要微观管理。

像先锋领航集团这样的公司开创了无附带条件的简单易行的投资办法，曾经比较昂贵和复杂的东西如今人人都可企及。不过，现在还有许多其他公司可供选择。最重要的是明白一点：没有人——真的没有任何一个人能择定市场时机或预测未来。要了解自己的风险容忍度，分散投资于股票、债券和国内国际指数基金来降低整体风险。找到一个完美的资产类型搭配是不可能的，最重要的是减少对单个政府或公司的风险敞口。要审视每只基金的费用比率或收费情况。跟大多数长期投资一样，要坚持到底，对全天候金融媒体报道不闻不问。你只在两个日子里关心一项投资的价值，那就是你买下它的那天和你卖掉它的那天。

人们真的这么做吗？

许多走红 FI 名人受到主流媒体的大力宣传，报道标题光彩夺目："想提前退休吗？30 岁出头就退休怎么样？""把 50% 的收入存起来就能提前退休"……诸如此类的标题赢得无数人点击，这不足为奇。但若深入挖掘，你就会发现许多追捧 FI 运动的人都在以某种形式遵循我们所概述的策略。

《通往财富的简单道路》（*The Simple Path to Wealth*）一书作者 J. L. 柯林斯（J. L. Collins）在写给女儿的一系列信件中谈论了理财方式。通过这些谈话，他传达了一个现实，即人们喜欢金钱，但也喜欢简单赚钱。他把自己作为父亲的建议归结为简短的要点，包括几条明智的信念，如"远离在财务上不负责任的人"和"把你挣到的每一块钱都省下一部分"。更有针对性的是，他建议女儿要让支出远低于收入，并把剩下的钱投资于先锋领航集团的整体股票市场指数基金（VTSAX）———一个账户，一只基金。真的那么容易吗？

FI 博主界的最耀眼明星大概是钱胡子先生（也是本书序言的作者）。多年来，他一直宣扬自己与指数基金的关系，甚至将个股称为"吸血鬼赌注"。在博客里，他建议读者花 10 到 15 年的时间工作，用 50% 的收入好好过日子，同时把钱投进指数基金和长期低成本投资。与大多数人的看法相反，他认为股市崩盘是一种股票大甩卖。在认同房地产和其他收入来源的同时，他鼓励读者通过指数基金继续让金钱为自己服务。

极简主义者乔舒亚·菲尔兹·米尔本（Joshua Fields Millburn）和瑞安·尼科迪默斯（Ryan Nicodemus）是博客作者，两人合写了畅销书《极简主义：过有意义的生活》（*Minimalism：Live a Meaningful Life*）。说到简单投资，他们是付诸实际行动的。他们记载自己选择的财务工具是（你能猜到的）指数基金，称指数基金灵活、费率低、可靠。他们指出，转向先锋领航集团和贝特门特公司（Betterment）等低成本理财经纪商让他们节省了一大笔钱。贝特门特也是一家投资管理企业，以自动投资形式在简单投资领域占据强大的竞争优势。

最后，"节俭森林"（Frugalwoods）夫妇称，他们的"低成本简易理财系统"是把多余的现金投入指数基金。嗯嗯，听起来很耳熟！在一篇阐述其策略的帖子中，他们给出这样一个定论："我们的文化给投资蒙上一层神秘面纱，这没道理。根本不必花钱请人'管理'你的投资，因为——请注意——低费率指数基金的收益往往超过管理型基金。"[4]

如果说博格尔一族有什么值得牢记的简单规则，那就是：

- 还清债务，并避免未来再欠债
- 花的要比挣的少，量入为出
- 余钱投资于低成本指数基金
- 将基金持有多年

在斟酌这些选项、分析不同路径的风险与回报时，塔米决定采用"足够且有富余"原则（也就是在抵达"交叉跨越点"时的本钱状况），分割她的投资组合。她把大部分钱投入美国国债，这样她就心里明白：无论世界风云如何变幻，她都有足够的收入来应付基本开支。"且有富余"则是她的缓存金，她把那部分钱投资于共同基金和指数基金，在很大程度上就像我们介绍的策略一样，承担更大的风险，但也有可能获得更高的回报和更多的缓存金。假如这笔钱损失殆尽，她仍然是财务自由的，她可以随着时间的推移慢慢再充实缓存金。

房地产

我们要探讨的下一个策略是投资于房地产。在心仪的社区扎根之后，购买一份能创收的资产（如双拼屋或四联栋）会是一个很不错的 FI 计划。你不仅能为所在社区的人管理房产，而且有房客替你偿还抵押贷款，这会在今后多年里提供稳定的收入来源。

《规划人生》（*Set for Life*）一书作者斯科特·特伦奇是一名房地产顾问、经纪人兼博主。他说："全国各地的人都逐渐认识到，如果能买到一套房子，那就能买到一处投资性房地产。买一幢较小双拼屋、三联栋和四联栋的价格往往跟买一幢独户住宅差不多。只要房子在四个单元以下，有良好信用和收入的人可以使用联邦住房管理局（**FHA**）贷款以低首付（低至 3.5%）购买能创收的房地产，前提是他们要自住一年以上。对于包括我在内的许多人来说，这种经历不同凡响，因为那些认真做过功课、学习过租客管理基本知识的人会选择有经济实力租房子、信用评分很高且安静友好的邻居。这基本就跟自己住在家里一样，是的，你要处理各种零零碎碎的房子维护问题，那是每一个房主都要负责做的事情。不同之处在于，你照顾自己的家却有房客付给你数千美元的钱。"[5]

以下是他对多户建筑进行评估的一览表：

· 你乐于在这处房地产所处地理位置生活几年甚至无限期生活吗？

· 你认为这处房地产所处的地理位置有良好前景吗？它有可能升值吗？周围环境会始终优美、安全吗？

· 这处房地产有望带来的租金是多少？

· 预计中的费用有哪些？常见费用包括修缮费、水电等公用事业费、房主协会管理费、赋税、资本支出、新旧租户之间房屋空置几个月的损失以及你如果决定委托他人管理的话要支付的费用。把这些都加起来，买房将需要很大一笔钱——数以万计。

与其他投资不同，房地产将你的大笔财富捆绑到一项流动性不强的投资上，如果你急于卖掉而楼市疲软，你可能就会亏损。风险是有的，但如果你愿意自己多辛苦一点并且挑选得当，你的出租房就会是一生的安全稳妥的收入来源。

提醒一句：有一类房地产投资者通过"炒房"来赚钱。他们购买有待大修的房子，进行翻修，高价卖出赚取丰厚利润。这对于一些处在财富积累阶段的财务自由人士来说或许不失为良策，但它不适合FI投资组合。要做的事情太多，风险太大，而且坦率地说，这可能会导致只有固定收入的穷租客搬家，因为他们住不起自己已经熟悉的小区，尽管在那里已形成稳固的社交网络。

另一种房地产投资方式是投资于你自己的房子和土地，使其成为你的财务自由愿景不可或缺的组成部分。不妨投资让家里改用可再生能源，投资修建农庄基础设施（花园、谷仓、禽畜圈栏），那将产生几十年的效益。以"节俭森林"夫妇为例，虽然他们的钱都放在指数基金里，但两个人正在乡下建设一个农庄：

> 肯特和贝丝相识的时候都是高薪专业人士。不过，他们彼此吸引的部分原因并不在于共同的优越生活。身为哲学博士的肯特读过有人在墙上手写的关于气候变化的大标语，他是南方一座城市的绿色能源顾问。他曾希望把自己所在的城市变成永续发展的典范，但他的想法几乎没在哪个政府部门获得通过，因而他越来越苦闷。贝丝知道她在公司的职业是问题症结的一部分，这让她感到困扰。两个人存够了钱辞去工作，在城外经营一个小小的农场试试水。后来发生一场旱灾，深井干涸，庄稼枯萎。肯特在研

究生院学过的气候模拟突然间变得真真切切。他们决定开着房车前往西部，寻找一个对气候更无害的地方定居。几个月以后，他们终于找到了这样一个地方：一幢破败不堪的低价出售房屋，位于太平洋西北部一片草木繁茂的 32 000 平方米林地上，周围全是黑莓灌木丛。地产边界线有一段紧邻大路，因此整个地产被划为商业用地。他们决定以经营农庄和养家糊口为全职工作——过程有点曲折。他们住在房车里，把那幢房屋从黑莓中"解救"出来。然后，他们在一层翻修了一套"岳母房"①，用这套房的租金来还抵押贷款。等二楼能入住以后，他们把房车租了出去。接着，他们又修了一幢附属房屋供出租，那幢房屋带来的收入将用于离高速公路更近的一幢商用房。他们将在 6 年内而不是二三十年内还清抵押贷款。他们觉得肥沃的土壤、充足的水和房屋租金是他们的天然持久财富。他们在买下这处地产时生了一个孩子，安顿下来后又生了一个。他们发自内心地认为，培养亲近和爱护大自然的后代、提供价格公道的住房、腾出时间养育子女和服务他人、在当地建立人际关系网络、与所在社区同舟共济，这是他们为自己的未来以及地球的未来所能做的最好的事情。

另外，房地产未必是指你居住的地方。用乔治·卡林（George Carlin）的话说，它可以是"你放东西的地方"。

---

① Mother-in-law apartment，与一幢大房子相连、相对独立的小房子，表面上是为了给岳母或亲戚来访时居住，但也可以对外出租。——译者注

托德的房地产投资方式独具特色，他购买了一套仓储不动产，委托经理人管理仓储空间的租赁业务。这在一定程度上是从过度消费中获利——有些人拥有的东西太多，自家房子里放不下（和财务自由强调的精神相反）。撇开这层讽刺意味不谈，托德一家人每月赚到的钱除了足够他们生活之外还有剩余，很快又买了第二套设施。他选择了为社区服务的生活，担任负有重大责任的职务，比如学校董事会成员。他之所以能够放心大胆地去服务他人，是因为有那笔被动收入，可以维持稳定的生活。

房地产还可以是投资组合中的一项。

多萝西和丈夫拉里的故事涵盖了本计划的全部价值观念，他们在 1995 年以 40 万美元资产实现"交叉跨越"。他们断断续续有过三处出租房产，充分利用房子的价值。他们还把主要居所的一部分作为"岳母房"出租。除了稳定的房地产投资和收入以外，他们还喜欢用自己的富余资金投资于共同基金以及个别公司。

为了弄懂股权投资，他们通过全国投资者俱乐部协会（NAIC）自学，多年来帮助创办了多个投资俱乐部。以下是他们遵循的原则：（1）定期投资一定金额；（2）收益、股息和利润再投资；（3）投资于优质成长股和股权共同基金；（4）投资多样化。拉里说："加入一个投资俱乐部是我们自学个股投资的稳妥而有趣的途径。投资俱乐部的重点是学习投资，不是致富。我们在俱乐部会议上听取见解和知识，并将其运用于我们自己的投资。"

下一个盈利区是防止我们的积蓄因税收而流走。在弄明白了税法的细节之后，拉里指出："我们一半以上的投资都在延税工具里面，包括个人养老账户、401（K）等，这样就可以把我们所挣的钱留住更多。为此，我们做了一份电子表格来预测未来十年以上的现金流动，在这段时间里可以使用延税账户免于纳税。如果在那之前遇到经济困难，只要愿意接受纳税，我们仍然有权动用自己的钱。"

他们最后的缓存金来源是本书的精髓——始终量入为出。结果是：他们的积蓄增加了两倍。拉里从事的志愿者工作有时能带来收入，多萝西则选择了一份让她乐在其中的兼职，与其说是为了挣钱，不如说是出于喜欢。

我的选择：多个有社会责任感的收入来源

很幸运，我的大部分债券是从 1981 年到 1997 年之间购买的。我有一只票面利率为 15% 的债券。我拥有的债券中，最低票面利率是 8%。除了最后一份，其他债券都已经到期了（我真不舍得放手啊）。30 年期到了，美国政府退还了我的钱，让我再投资——利率在 5% 以下。在千年之交以前，债券是我唯一的投资。之后我的投资多样化了，但从未背弃我的价值观。即使你的价值观和我的不完全相同，我也希望以己为例，帮助你做出能体现自身价值观的投资。

对我来说，要想快乐自由，投资必须与我的价值观相符。鉴于据我了解工业增长型经济造成的危害、污染和气候代价，30 年来我一直致力于制止北美的过度消费现象。我不是一个回避以钱生钱的纯粹主义者，但我努力按照自己的价值观进行投资。我开电动汽车，投资于太阳能产业。我从本地农场果蔬商店买东西，投资于本地农场。我推动建设更加多元化的本地经济，投资于本地企业。我看到所在社区日益老龄化并希望扭转这种趋势，所以我经常减免部分租金把名下公寓出租给年轻人。我把钱花在什么地方能体现我是谁——对你来说也一样，不管你做出什么样的选择。这是不可回避的。

房地产

1986 年，我和乔再加上几个朋友花 13.7 万美元在西雅图买下一幢大房子。20 年来，它容纳了我们非营利性的新路线图基金会和 6 个人。我拥有这幢房子的部分产权，当我们卖掉它的时候，我已经免费住了 20 年，而且卖房收入是当初购买价的 3 倍。这种投资方式虽然是偶然的（我们在西雅图需要一个稳定的居住地），却给我留下了深刻的印象。如果我们是租房子住，那么 20 年来我分摊的那部分开销必定不低于 7.5 万美元。另外，这些年我还从其他房客那里收了房租；我还拥有实实在在并且可做交易的东西——一幢有七间卧室的房子；这些年来我为几十个人提供过安身之处；我住在世界上一个美好的地方；我有所属社区，那是财富的支柱之一，社区里的人们互帮互助——用帮人理发换取健康忠告，用健康忠告换取税务帮助。对我来说，这就是社会责任投资！

卖房以后，我在自己居住的惠德比岛上买了一幢房子，这个故事值得讲一讲。

西雅图那幢房子换回的钱以（最高）1% 的利息存在银行里，我考虑是否应购买更多的国债，因为当时国债的票面利率是3%。我怀念当年在西雅图的房子，想买一套跟它差不多的，也许买一幢双拼屋，这样我可以自住一边、出租一边。一个落雪纷飞的冬日，村里寂静无声，我在网上看到一幢价格合理的房子挂牌出售，离我租住的公寓不到一千米。我穿上雪地靴艰难跋涉，找到一座普普通通的棚屋：错层，浅绿色，三居室，看上去很大，也很丑。绕到后面，我发现了一个平台，沿楼梯爬上去，透过玻璃推拉门看到了贝克山、北喀斯喀特山脉和皮吉特湾。知名海滨村镇里一个能看到风景的家，我心花怒放！不过，我需要举债才能买下它。我一辈子都用现金付款，不急于打破我的无债纪录。

这个地方必须是一个生产场所，不是消费场所。它必须是一个能赚钱的场所，不是花钱的场所；要能充实我的腰包，不是掏空我的腰包。我思考了各种可能性。我可以把车库出租给木匠、拥有小船或房车的人。我可以把一楼带卫生间的大家庭房租出去，同时保留二楼的隐私。跋涉回家的路上，我的大脑像一台收银机一样转个不停，盘算着该怎么处置这幢房子。我已经在心里算计着一次性砍下5000美元的房价，同时演练如何说服房地产中介。

很快，有两件事发生了。第一，我给一个刚到惠德比来工作的熟人打电话，问她是否愿意租住那个家庭房。"我干吗不跟你合买这幢房子呢？"她回答。事实证明，我们两个人各自卖掉之前所住房子的现金正好够支付一半房款。第二，银行觉得这幢房子在账上挂得太久了，决定降价4万美元，于是它成了便宜货。经检查，房子有些地方需要修整，但还能住，我们买下了。

9年后，我的共同所有人把那套家庭房改成了一套独立公寓。后来，她不得不回家照顾母亲，所以我把她那部分房子也买了下来。我把车库也改成了一居室公寓。两套公寓的租金让房客和房东都很满意。我在后院有一个阳光充足的大花园，夏天通过爱彼迎公司出租客房（这是住在旅游城镇的好处）。据我计算，我的投资实现了8%的年收益，在这个低利率时代相当不错了。等我年纪更大一些，必要时我或许可以把这幢房子变成银行，用它做抵押品来贷款更换身体的某个器官。我还盘算着可以请个护工免费居住其中一套公寓，交换条件是每天花几个小时照顾我的饮食起居。

社会保障

社会保障是第三个收入来源。我提前了两年开始领取社保，我估算，虽然等一等的话能多领一点点钱，但那点钱要花20年时间才能达到我一旦开始领取的话两年就能拿到的金额。我能活那么久吗？社保能维系那么久吗？那时我刚买现在这幢房子，手头现金拮据，所以我选择了开始领取。与许多婴儿潮一代人不同，我没有长期从事带津贴职业所能获得的额外养老金。幸运的是，与许多婴儿潮一代人不同，我有多种多样的投资，并不仅仅依靠每月领取金额微薄的支票过活。

本地借贷

除了债券、房地产和社保以外，我的第四个收入来源是本地借贷。"信任所属社区"不只是我说说而已的口号，它是我所践行的道德规范，而且我找到了一个相对安全的办法来践行它。

在相邻的一个社区，一群具有务实远见的人建立了一个独特的网络，名叫"本地投资机会网"（LION），它把投资者与当地有商业机遇但缺少资金的小企业和非营利性组织联系起来。在这个模式中，LION 邀请已经或即将开办企业的人向一名干事提交意向书，之后还要提交业务规划；随后干事把这些机遇分发给会员。凡是感兴趣的会员都可以约见企业主，了解其商业机遇，并商讨投资金额和条件。由于社区和人脉是我的财富核心，我有一小笔周转性本地贷款基金，迄今为止通过该基金向本地企业投资了近 8 万美元。我要求的贷款利息是 5%，其中一部分兑换成产品——猫砂、蔬菜、鸡舍、鸡蛋……都是乡下常见的东西。几乎在所有投资中，我的借款人都对我心存感激并成为我的朋友。随着他们兴旺发达，我所在的社区也兴旺发达——这很重要，因为农村社区必须有蓬勃发展的经济才能保持活力与繁荣。

绿色能源

当一个本地组织历经周折要在我们岛上安装一批太阳能电池板时，我抓住机会买了它为此而成立的有限责任公司（LLC）的股份。由于有政府的奖励金，再加上售电所得，我从三个方面获利：我在支持自己所住的岛上安装太阳能设备，这是投资于一个能源自给自足的未来；我几乎毫无风险地使自己的钱实现了 3% 的收益率；我们的有限责任公司聘请了一家本地公司安装在华盛顿生产的电池板，这扶持了本地的经济发展。

找到并投资于其他绿色能源企业和社会责任企业的过程就没那么简单了。因此，我请了一位专门从事这方面工作的"只收咨询费"的理财顾问。我对积极主动地管理钱没什么兴趣，所以每年付给他那点钱是值得的。如果我把钱留在自己兜里，然后花大量时间调研有社会责任感（或至少不危害社会）的投资机会，再加上因为压力太大而付出的健康代价（我非常厌恶风险），那很可能会超过付给理财顾问的费用。

我的顾问与我的投资理念非常合拍。他帮助制订了一个邻近城镇的本地投资方略，得到我的社区采纳。此外，他所属的大自然投资公司的投资路线图与我不谋而合。早年那些票面利率极高的债券带给我一笔钱，我决定用其中一部分承担高于平常的风险，投资于他确定的面向小投资者募股的公司；我持有两家太阳能公司和一家咖啡合作社的股权。我把其余的钱投进了有社会责任感的公司股票和债券基金。如果你决定聘请一位理财顾问，一定要确保他不仅清正廉洁，而且有着与你一致的价值观。

副业

跟现如今的许多财务自由人士一样，我也从目前人们所说的"副业"中挣点钱。所谓副业，其实就是增加收入的额外方式而已。这些"微职业"的创造性永无止境，可以开网店，也可以在亿贝网站上销售产品，可以在实现财务自由后继续给一些人当咨询师和教练，也可以帮人遛狗和装饰房屋、写博客、做家教、在夏天当导游，还可以像我这样偶尔在某个会议上发表主题演讲。虽然写书作为副业是一项庞大的工程，但也不妨一试，因为它是偶尔为之，穿插在我丰富多彩的日常活动中，即便没有了也不会打破我的财务自由状态。

投资时要考虑的事项一览表

1. 这项投资符合我的价值观吗？
2. 这项投资符合我的风险容忍度吗？
3. 这会在整体上使我的投资多样化吗？
4. 这会提供我目前和未来所需的收入吗？
5. 把这项投资全部或部分变现（卖掉）容易吗？
6. 进入或退出这项投资要付出多少销售费用或违约罚金（如果有的话）？
7. 这项投资对我来说有哪些联邦、州和地方税收方面的影响？（就我的收入层次或情况来说是否有利于节税？）

你构建的 FI 投资组合要符合你的思维方式和生活方式，符合你的风险容忍度，符合你运用意识而非金钱来满足需求的创造力。它完全取决于你。

结论

你即将夺回自己曾经拱手让给金钱和理财"专家"的权力。你已经准备好成为一个尽职尽责、充满爱心、知识渊博的生命能量管家。我们衷心希望你运用这些步骤来驾驭自己的财务、运用生命能量来应对我们这个物种和地球所面临的挑战。祝你取得圆满成功。

第九步提要

了解并熟练掌握长期创收投资，对财务进行管理，使之产生源源不断的收入来满足你长远的需求。

"金钱观"讨论

切记，不要听取别人的建议而放弃你的权力。要按照你自己的价值观和调研结果来甄别一切。与此同时，听听别人是如何从一系列投资中获得多重收入来源的，那会让你受到启发。

利用后记里关于如何开展"金钱观"的讨论建议，日常与伴侣或朋友闲谈时不妨提出以下问题。记住，无论哪个问题，在末尾加上一句"为什么"会让它更有深度。无论哪个问题，补充一句"我给出的答案对社会有何影响"会让它更有广度。答案无所谓对错。

- 你现在采取哪些适当措施来使经济状况随着年龄增长仍保持良好？
- 在必要时你能做些什么来多赚点钱？
- 你会信任什么人或什么工具来帮你进行投资？
- 你到目前为止在投资方面有什么经验？你怀有哪些希望？
- 你在投资时秉持哪些价值观和信念？
- 你的风险容忍度如何（无论是在金钱方面还是在生活方面）？
- 财务自由对你来说意味着什么？

九步骤计划快速检索

没有更便捷的捷径了，由九个步骤组成的这本书就是捷径。这里总结出来的步骤供查看、参考和提醒。这是一套成系统的策略，认真地运用所有这些步骤，你的个人财务就会自然而然地成为一个整体。这些对于企业来说也是非常基本、非常基础的做法，而你就好比一家企业，你的业务是让你消耗的每小时生命能量换回最大限度的幸福快乐。

第一步：坦然接受过去

1. 你一生已经挣了多少钱？核实你的一生总收入——从你挣到的第一分钱到最近一次领到的薪水的收入总和。

2. 你能拿出什么来证明？创建一份个人资产负债表，列出你拥有的和欠下的一切，查明你的净值。

第二步：活在当下——追踪生命能量

1. 你用生命能量换了多少钱？确定你保住工作所需时间和金钱的实际成本，算出你的实际时薪。

2. 追踪记录你生命中进进出出的每一分钱。

第三步：月度表

1. 按你自己的独特消费模式划分支出类别，每月汇总各个类别的开销。然后是总收入。

2. 使用第二步里算出的实际时薪，将各类别里花掉的美元转换成"生命能量小时数"。

第四步：思考能改变你一生的三个问题

面对月度表，对以生命能量小时数体现出来的各类别总数都值得思考这三个问题，把你的答案记录下来。

1. 我获得的充实感、满足感和价值与花掉的生命能量相称吗？

2. 这种生命能量花销与我的价值观念及人生目标一致吗？

3. 假如我不必为了挣钱而工作，这项花销会有什么变化？

对于每个类别中的每个问题，评估一下费用增加、减少还是保持不变会实现最佳满足感。这是本计划的核心。

第五步：让生命能量清晰可见

制作一张很大的挂图，把月度表上的每月总收入和每月总支出数据绘制上去。把它挂在你每天都能看到的地方。

第六步：珍惜你的生命能量——尽量减少支出

学习并践行明智地使用生命能量（金钱），其结果将是你的开支减少、储蓄增加。这将在你的生活中造就更大的成就感、完整性和一致性。

第七步：珍惜你的生命能量——尽量增加收入

重视你在工作中投入的生命能量。金钱不过是你用生命能量换来的东西。怀着目标和诚信去交换，争取使收益上升。

第八步：资本与交叉跨越点

每个月套用以下公式对你的累计资本总额进行计算，在挂图上单独画出一条月度投资收入线：

（资本×当前长期利率）÷12＝月度投资收入

第九步：进行投资来维护财务自由

这个步骤将帮助你了解并熟练掌握创收投资技巧，这些投资可以提供源源不断的充足收入来满足你在长远内的需求。

使用以下三大支柱来制订财务计划：

· 资本：财务自由的创收核心

· 缓冲资金：足够应付 6 个月开支的现金，可赚取银行利息

· 缓存金：坚持不懈践行这九个步骤带来的资金盈余

获取更多资源请登录

yourmoneyoryourlife. com

后记 "金钱观"

"金钱万能！"

早在欧里庇得斯时代，这句话就一针见血地道出了金钱在商业、政治、贸易乃至婚恋中的力量。不幸的是，一旦谈到金钱，交谈通常就结束了。从交谈的角度来说，金钱"让交易达成"，让我们都闭嘴。我们生活在一个金钱泛滥的文化中，却往往忌谈个人财务状况。是时候加以改变了。

谈论"金钱观"的目的是打破我们在自己与金钱关系问题上的沉默，开启新的交谈。你最后一次公开谈论自己的债务是什么时候？谈收入呢？如果你跟我们当中大多数人一样试图一个人寻找出路，那就会在书籍、新闻报道和答疑释惑专栏中寻觅，在不同的方法之间摇摆——为追求幸福快乐时而储蓄，时而消费，时而投机。

在谈论"金钱观"时，我们本着"不羞愧，不责怪"的精神，通过交谈把我们的臆断、恐惧、狂想、遗憾和谎言都公之于众。你不想知道别人对金钱的看法吗？你难道不想听听他们犯过的最愚蠢错误和采用过的最聪明策略，以便你摆脱陈规陋习、理智对待金钱吗？你难道不想有一种安全稳妥的途径来讲一讲彼此有关金钱、工作、职业、收入、储蓄、投资、捐赠和聚财的故事并探究其中的奥秘吗？

多妮塔说："像许多（年轻）人一样，我做着一份并不适合我的朝九晚五的工作。我希望感觉到自己是个有用的人，但在电脑前坐上 8 小时并不能实现这一点——我渴望更多的东西。就在这个时候，朋友介绍我参加了一个社区简朴生活组织。我发现这是一个很安全的地方，大家在那里交流他们的欲望、恐惧、价值观和人生目标。我们讨论时下与金融、技术、永续性和正念等有关的事件。我变得越来越向往有意义、有目标、有冒险的生活。终于有一天，我突然想到：如果我不采取行动，我的生活是不会改变的。我一直梦想去旅行，却给自己找出各种各样的借口。很快，我辞了职，订了一张前往世界另一端的机票，独自一人带着一个背包踏上旅程。"

"金钱观"貌似简单，却能改变你的人生。寥寥数条指导原则，一个振聋发聩的话题或提问，一个人人都有发言机会的过程。向他人坦言我们与金钱的尴尬关系或许看起来让人既害怕又兴奋，但使用这种简单方法的多年经验让我有信心保证你会感到：

· 如释重负
· 力量倍增
· 对自己的抉择更加坦然
· 有动力继续改造自己与金钱的关系

"金钱观"中没有专家，因为它的目的不是修复我们自己，而是了解我们自己——我们深陷消费主义金钱文化之中，这种文化或可满足我们的贪婪，却满足不了我们对与他人保持联系、得到尊重和受到保护的真正需求。以这种方式谈论你与金钱的关系跟你与理财顾问讨论投资或还债计划是不同的。我们与金钱的关系涉及我们丰富多彩的独特个人世界里的种种思想、感觉、态度、信仰和生活经历。解决你在金钱方面的一些问题可能会是一个副产品，但那不是目的所在。"说说金钱观"是要进行开诚布公、充满好奇的交谈，在这个过程中会不经意地产生一些令人惊讶的发现。

说说"金钱观"的规则

不妨做个实验：找一个人跟你相互讲一讲在过去 6 个月里买了哪一样并不真正需要的东西。人人都有那种东西，概莫能外。这是一个与金钱有关的话题，但不太涉及隐私，所以是个投石问路的好办法。

第一次在讲习班上做这个实验的时候，我惊呆了。谁都不想停下来再听我说话。即便我在此期间离开房间，大家也会对那次讲习班赞不绝口。

你可以向伴侣或者室友提起这个话题。你可以把这个问题发布到社交媒体上，看看朋友们怎么说。你可以在和同事一起吃午饭时提出来。你甚至可以邀请一位朋友在你家里或咖啡馆里共同进行一场"金钱谈"。找个朋友合作会更容易，也更有趣——最起码会有一个人和你谈谈本周话题。在最乐观的情况下，你甚至可以借此机会结识新朋友、扩大交际圈。

鉴于金钱话题可能会激起强烈反应，我们建议使用以下指导原则和小贴士，以便使对金钱的讨论更加深入且避免冷场。这些建议来自"咖啡馆对话"法，它是一种低门槛的对话方法，现已在世界各地流行，人们采用这种方式聚在一起探讨当今大事或者时代难题。就本书内容而言，话题就是我们与金钱之间越来越令人着迷和困惑的关系。

如果你正在执行书中步骤，谈论金钱不是必需的，但肯定会使你更快地走完改变之旅，更快地完成减债、省钱和重新设计金钱生活以体现自身价值观和梦想的实践过程。抛开顾虑进行一场"不羞愧，不责怪"的对话吧，这真的是关于改变你与金钱关系的最好忠告。

何人何地

凡是愿意本着开诚布公、充满好奇、"不羞愧，不责怪"精神与你打交道的人都是谈论金钱的完美伙伴。它可以发生在你和你的日记之间，可以是和伴侣躺在床上闲谈，可以是和家人围坐在餐桌旁聊天，可以是和朋友在咖啡馆或客厅里交谈，可以是和参与者在讲习班、和学生在课堂上讨论。只要是和你信任的人一起，只要是在你可以畅所欲言的地方，你就能开展金钱讨论。如果是和你不认识的人在一起，遵循以下指导原则应能保证足够的安全性来打开话匣子。

一旦掌握了谈论金钱的诀窍，你就可以随机应变，但眼下就三种可能出现的情形提出建议：

日记法 （1 人）

如果你写日记，你就会知道写作可以是一个发现的过程。你可以充分利用这一特性，在一页纸的顶端写下你想要思考的有关金钱的问题，深呼吸，运用聪明才智写出一个答案。自由发挥你的聪明才智，不间断地书写至少 5 分钟。你的答案会让自己大吃一惊的。你可以重复使用这种方式回答另一个问题（或者同一个问题），随便你多久写一次，也随便你写多长。

对话法 （2人）

这种情境可能会比较私密乃至亲密，谈话对象也许是伴侣，也许是好朋友，也许是年少的子女。最好由你改变话题，比方说从寻常交谈转向有意图的对话。半分钟的沉默会创造奇迹。然后使用后面阐述的指导原则。

小组法 （3~8人）

参与人数不超过8人可确保每个人都有足够的时间发表意见。如果到场者太多，你可以把他们分成两组。也许大家会坚持要求一起讨论，但人少一点肯定更有利于交谈。

尽一切努力使每个人都有发言权，并使谈话保持私密、活泼、安全、有探索性。

不妨在一开始让小组里的每个人都有一两分钟时间就当日话题发言，其他人不能打断或做出反馈；交谈结束时，每个人再用一两分钟时间谈谈自己的收获。

最好有一个人扮演"主持人"角色，随时把大家的闲聊拉回正题。主持人可以把握交谈的节奏，宣布第一轮发言开始，并在离约定结束时间还有10到15分钟时提议进行最后一轮发言。主持人也参与交谈。他们不会从一旁插话打听讨论进展，也不会给出建议。他们保持好奇心，和大家一起敞开心扉。

不要进行仓促的金钱讨论。两个人至少要有半小时，人更多则时间也应更长。

契约

不羞愧，不责怪：无论对自己还是对他人，竭尽所能地保持不偏不倚的客观态度。这并不意味着大家都要客客气气或一味赞同，只是要乐于听取不同观点。

注意保密：在小组里说的话不得外传。

人在心在：准时到达，待到最后，认真倾听每个人的发言。

言简意赅：争取诚实、有深度，但要保持简练，以便每个人都有一定的发言时间。

杜绝商业色彩：市场营销、建言献策、冗长讲座之类的事情都放到别的地方、别的时候去做。我们不是来接受修理的，而是来了解自己、了解彼此、了解世界的。

话题

每个人都能根据自身经验给出回答的开放式问题或提议是最好的。使用每个章节末尾列出的问题，再试着想出你自己的问题。记住，许多问题和话题中隐含着"……为什么"。别害怕追问这一点。深入探究一个问题的好办法是有人表示"请再讲得详细点"或者"你是怎么产生这种看法的呢"。要小心，因为你的语气很重要。"你为什么这么想"可以听起来饶有兴趣，也可以听起来非常刺耳。

由于社会能塑造我们关于金钱的想法、感受和行为，为了拓展"金钱谈"的广度，你可以问一问："社会对你给出的答案有什么影响？"

本书每一章末尾只是举例说明你们在"金钱谈"中可以提出的问题。事实上，你们的话题可以是在一个词（比如，金钱、工作、意义、目的、优先事项、简朴、东西、债务、借钱、放贷、什一税、赋税、保险等）后面附加三个问题：

· 你对它怎么看？
· 你对它有何感想？
· 你在这方面做了些什么？

以这种方式抛出问题可让每个人都有一个切入点。有的人善于思考，有的人善于感受，有的人善于实干，每个人都需要一扇门来进入第一轮不接受反馈和交流的发言。在那之后，大家可以畅所欲言地自由交谈，直到最后一轮发言。

我们都来谈一谈吧！

"文化"（culture）一词中包含"崇拜"（cult）一词。如果我们崇尚在自己与金钱的关系问题上保持沉默，我们就会始终受制于从小听到的教诲——要懂得羞愧与责怪，"更多就会更好"且永远不够，贪婪是好事，谁到临死时拥有的消遣品最多谁就赢了。

通过把交谈话题从闲聊（琐事、八卦、抱怨）变成关于金钱和生活的严肃讨论，我们既可加快自己的旅程，又能大力推动文化上的改变。不仅如此，我们还将送给谈话伙伴一份意义深远的礼物：让他们摆脱自身恐惧和困惑的桎梏，摆脱自身的盲目。

使用前面章节里的问题和话题，也可自拟。开始交谈吧！

致 谢

这本书问世迄今已超过 25 年。这些年来，数以百计的人为它保持影响力和持久力做出了贡献。在这里，我想特别感谢几个人。莫妮卡·伍德（Monica Wood）编辑了本书的每一稿，直到它 1992 年出版。同一时期，罗达·沃尔特（Rhoda Walter）兢兢业业地进行调研并给予支持。完全由志愿者组成的新路线图基金会是我们在 1984 年创建的教育和慈善组织，目的是传播这个以及其他改造工具；新路线图基金会团队全心全意地工作，以多种多样的方式把这个九步骤计划介绍给数十万人。

对于本书的修订再版，我想特别感谢几位重要人物。

整个 2017 年，克里斯·里巴（Chris Ryba）担任我忠诚可靠、不可或缺的助理编辑。我们一相识就发现了我们有几个共同的爱好：首先是本书，还有一般意义上明智的个人理财策略，以及谈话改变人生的力量。他作为千禧一代对世界的看法不可或缺。我们共同努力完成了此次修订，他编辑了每个章节每次重写的每一稿，思路清晰、见解独到、情绪乐观。

科尔·胡佛（Cole Hoover）也是才华横溢、聪明善良的千禧一代，他帮助我理解了为什么他这一代人需要本书所能提供的东西。安妮·蒂勒里（Anne Tillery）、塞茜尔·托马斯（Cecile Thomas）和戴维·麦克纳马拉（David McNamara）也给予了始终如一的鼓励，对我和这部作品深信不疑。

贝丝·韦塞尔（Beth Vesel）是我的长期经纪人和啦啦队队长，她从第一天起就陪伴在我身边，她接过一个想法的种子，让它变得清晰明了、有说服力、意义重大，从而赢得我的出版商企鹅图书有限公司、特别是多年坚定支持者凯瑟琳·考特（Kathryn Court）的赏识。

罗德·新垣（Rod Arakaki）原本供职于 Yes! Magazine 网站，得知此次修订再版后主动施以援手，熟练地完成了第六章的第一次改写。

大自然投资有限公司的团队——詹姆斯·弗雷泽（James Frazier）、克里斯托弗·佩克（Christopher Peck）、迈克尔·克雷默（Michael Kramer）、哈尔·布里尔（Hal Brill）和吉姆·卡明斯（Jim Cummings）——帮助我给第九章旧瓶子里装进恰当的新酒，扩展了投资赚取被动收入的途径。

2017 年 2 月，30 岁的格兰特·萨巴捷（Grant Sabatier）一举成名，他在网上发表了一篇美文，讲述他主要得益于本书，在大约 5 年的时间里从破产到坐拥 100 万美元的过程。这篇文章使本书的早期版本再次登上亚马逊排行榜的首位，并开启了我们之间的创造性合作关系，将此次修订再版强有力地推向新一代人。

与此同时，我发现了似乎受到本书很大影响的"财务自由，提前退休"运动。皮特·阿德尼（Pete Adeney），也就是钱胡子先生，他和其他众多著名的该运动领袖和博主热烈欢迎我回归，我期待着在今后多年里和他们一起破除谬论、改变世界。

最后，我的本地编辑 A. T. 伯明翰·扬（A. T. Birmingham Young）和我的企鹅公司编辑萨姆·拉伊姆（Sam Raim）校正了我的大量文字错误和累赘。此次修订后的文字如此出色多亏了他们。

写作是独行之旅，但我还是要感谢我所生活的环境——我的惠特比社区，这里的朋友们以十分具体的方式给予了我激励、倾听、欢笑和帮助；还有周围的风景，它们滋养了我的心灵。从最深层的意义上说，在这里和你们在一起、与你们共度时光是我真正的财富。

注　释

新版前言

1. Seventeen percent of "units" age sixty-five or older in 2014, although Social Security accounted for at least half of total income for 52 percent of units age sixty-five or older (see Table 8.A1). Source: Social Security Administration (US), *Income of the Population 55 or Older, 2014* (Washington, DC: Office of Retirement and Disability Policy, 2016), https://www.ssa.gov/policy/docs/statcomps/income_pop55/.
2. Bureau of Labor Statistics (US), "Number of Jobs Held, Labor Market Activity, and Earnings Growth Among the Youngest Baby Boomers: Results from a Longitudinal Survey" (March 31, 2015), https://www.bls.gov/news.release/pdf/nlsoy.pdf.

第一章　赚钱让你快乐吗？花钱令你满足吗？

1. Douglas LaBier, *Modern Madness* (Reading, MA: Addison-Wesley, 1986), as discussed in Cindy Skrzycki, "Healing the Wounds of Success," *Washington Post*, July 23, 1989.
2. Organisation for Economic Co-operation and Development, *How's Life? 2015: Measuring Well-being* (Paris: OECD Publishing, 2015), http://dx.doi.org/10.1787/how_life-2015-en.
3. B. Cheng, M. Kan, G. Levanon, and R. L. Ray, *Job Satisfaction: 2015 Edition: A Lot More Jobs—A Little More Satisfaction* (The Conference Board, 2015), https://www.conference-board.org/publications/publicationdetail.cfm?publicationid=3022&centerId=4; https://www.conference-board.org/press/pressdetail.cfm?pressid=6800.

4. David Walker, *A Look at Our Future: Retirement Income Security and the PBGC*, National Academy of Social Insurance Policy Research Conference, January 20, 2006, http://www.gao .gov/cghome/2006/nasrevised12006 /nasrevised12006.txt.

第二章　为钱卖命，谋生还是求死？

1. Elizabeth Arias, Melonie Heron, and Jiaquan Xu, "United States Life Tables, 2013," *National Vital Statistics Reports* 66, no. 3 (2017): 1–64.
2. Kira M. Newman, "Six Ways Happiness Is Good for Your Health," *Greater Good Magazine*, July 28, 2015, http://greater -good.berkeley.edu/article/item/six_ways_happiness _is_good_for_your_health.

第三章　钱都花到哪儿去了？

1. Bob Schwartz, *Diets Don't Work!* (Galveston, TX: Break-thru Publishing, 1982), 173.
2. "Footwear Industry Scorecard," NPD Group, https://www .npd.com/wps/portal/npd/us/news/data-watch/footwear -industry-scorecard/.
3. Belinda Goldsmith, "Most Women Own 19 Pairs of Shoes—Some Secretly," Reuters, September 10, 2017, http://www .reuters.com/article/us-shoes-idUSN0632859720070910.

第四章　赚到多少钱就退休？

1. George Bernard Shaw, "Epistle Dedicatory," *Man and Superman* (New York: Penguin Classics, 2004).
2. Joanna Macy, Presentation at Seva Foundation's "Spirit of Service" conference, Vancouver, BC, May 1985.
3. Viktor E. Frankl, "The Feeling of Meaninglessness: A Challenge to Psychotherapy," *American Journal of Psychoanalysis* 32, no. 1 (1972): 85–9.

4. Purpose-in-Life Test. Copyright held by Psychometric Affiliates, Box 807, Murfreesboro, TN 37133. Permission must be granted to use this test.

5. Medard Gabel, "Buckminster Fuller and the Game of the World." In Thomas T. K. Zung (ed.), *Buckminster Fuller: Anthology for the New Millennium* (pp. 122–128). New York: St. Martin's Griffin, 2002.

第五章　一张挂图助你实现财务自由

1. According to the National Association of Insurance Commissioners, the average expenditure for auto insurance in the United States in 2013 was $841.23. *Auto Insurance Database Report 2012/2013* (2015), http://www.naic.org /documents/prod_serv_statistical_aut_pb.pdf.

2. Drazen Prelec and Duncan Simester, "Always Leave Home Without It: A Further Investigation of the Credit-Card Effect on Willingness to Pay," *Marketing Letters* 12, no. 1 (2001): 5–12. One of the landmark studies on the subject.

3. Neil Gabler, "The Secret Shame of Middle-Class Americans," *Atlantic*, May 2016.

第六章　享受节俭生活

1. *The American Heritage Dictionary of the English Language*, Fifth Edition (New York: Houghton Mifflin, 2016).

2. Thorstein Veblen, *The Theory of the Leisure Class* (New York: Modern Library, 1934), xiv.

3. Martin Merzer, "Survey: 3 in 4 Americans Make Impulse Purchases," Creditcards.com, November 23, 2014, http:// www.creditcards.com/credit-card-news/impulse-purchase -survey.php.

4. Donella H. Meadows, Dennis L. Meadows, and Jorgan Randers, *Beyond the Limits: Confronting Global Collapse, Envi-*

sioning a Sustainable Future (White River Junction, VT: Chelsea Green Publishing Company, 1993), 216.

5. US Department of Commerce, *2015 Characteristics of New Housing*, https://www.census.gov/construction/chars/pdf /c25ann2015.pdf.

6. Michael Phillips and Catherine Campbell, *Simple Living Investments for Old Age* (San Francisco: Clear Glass Publishing, 1984, 1988).

7. Bill McKibben, *Hundred Dollar Holiday: The Case for a More Joyful Christmas,* reprint ed. (New York: Simon & Schuster, 2013).

第七章　重新定义工作：既可谋生，又是爱好

1. E. F. Schumacher, *Good Work* (New York: Harper & Row, 1979), 3–4.

2. Robert Theobald, *The Rapids of Change* (Indianapolis: Knowledge Systems, 1987), 66.

3. Studs Terkel, *Working* (New York: Ballantine Books, 1985), xiii.

4. Kahlil Gibran, *The Prophet* (New York: Alfred A. Knopf, 1969), 28.

5. Marshall Sahlins, *Stone Age Economics* (Chicago: Aldine-Atherton, 1972), 23.

6. Benjamin Kline Hunnicutt, *Work Without End: Abandoning Shorter Hours for the Right to Work* (Philadelphia: Temple University Press, 1988), 311.

7. Ibid., 309.

8. Ibid., 313–14.

9. Arlie Russell Hochschild, *The Time Bind: When Work Becomes Home and Home Becomes Work*, 2nd ed. (New York: Holt, 2001).

10. Jonnelle Marte, "Nearly a Quarter of Fortune 500 Companies Still Offer Pensions to New Hires," *Washington Post*, September 5, 2014.

11. B. Cheng, M. Kan, G. Levanon, and R. L. Ray, *Job Satisfaction: 2014 Edition*, Conference Board, June 2014 [September 2015], https://www.conference-board.org/publications/publicationdetail.cfm?publicationid=3022&centerId=4; https://www.conference-board.org/press/pressdetail.cfm?pressid=6800.

12. R. Ray, M. Sanes, and J. Schmitt, "No-Vacation Nation Revisited," Center for Economic and Policy Research, http://cepr.net/publications/reports/no-vacation-nation-2013.

13. Catherine Clifford, "Less Than a Third of Crowdfunding Campaigns Reach Their Goals," *Entrepreneur*, January 18, 2016, https://www.entrepreneur.com/article/269663.

14. Desmond Morris, *The Biology of Art* (New York: Alfred A. Knopf, 1962), 158–9.

第八章　跨过交叉点：财务自由终于来临

1. David Olson, *The American Church in Crisis: Groundbreaking Research Based on a National Database of over 200,000 Churches* (Grand Rapids, MI: Zondervan, 2008).

2. "Religion," Gallup, http://www.gallup.com/poll/1690/Religion.aspx.

3. Susan Heavey, "U.S. Families Shift As Fewer Households Include Children: Census," Reuters, August 27, 2013, http://www.reuters.com/article/us-usa-families-idUSBRE97Q0TJ20130827.

第九章　投资理财，以钱养钱

1. A. Desclé, L. Dynkin, J. Hyman, and S. Polbennikov, "The Positive Impact of ESG Investing on Bond Performance," Barclays, https://www.investmentbank.barclays.com/our-insights/esg-sustainable-investing-and-bond-returns.html#tab3.

2. "10-Year Treasury Yield," The Money Habit, https://i1.wp
.com/themoneyhabit.org/wp-content/uploads/2016/09/10
-Yr-Treasury-Yield-Augmented.jpg?resize=1024%2C717.
Source: Board of Governors of the Federal Reserve System
(US), "10-Year Treasury Constant Maturity Rate," Federal
Reserve Bank of St. Louis, https://fred.stlouisfed.org/series
/GS10.
3. John C. Bogle, *The Little Book of Common Sense Investing: The
Only Way to Guarantee Your Fair Share of Stock Market Re-
turns,* 2nd edition (Hoboken, NJ: Wiley, 2017).
4. Mrs. Frugalwoods, "Our Low Cost, No Fuss, DIY Money
Management System," *Frugalwoods: Financial Independence
and Simple Living,* January 24, 2017. http://www.frugal
woods.com/2017/01/24/our-low-cost-no-fuss-diy
-money-management-system/
5. Scott Trench, email message to the author, April 10, 2017.